AQUARIUS

AQUARIUS

AQUARIUS

AQUARIUS

Vision

Vision

一些人物，
一些視野，
一些觀點，
與一個全新的遠景！

比句點更悲傷

大師兄

我多年以前的兩句歌詞：「寂寞只是一個句點，圍成剩下自己的圓圈。」當時為賦新詞，以為理解了人生的寂寞，殊不知對於寂寞的體會，非有對他人——尤其是陌生人——親切的慈悲與關照不可。大師兄的書，正是出自這樣難能可貴的情懷。

——**張大春強力推薦！**

《比句點更悲傷》

PART 1 以為都是應該的

家裡面誰最笨？付出的最笨……

目錄

《比句點更悲傷》

PART 3

以為是真的

有時候，喪事不是喪事，
只是想花錢買個不要遺憾。

目錄

自介文

你好，我今年三十二歲，是一個肥宅，沒有目標的肥宅。

沒房沒車，名下除了一筆要給媽媽的小小安家費，其他都沒有。沒有存款，也沒有負債，更沒有女朋友。

記得有次我去銀行貸款，行員對我說：「先生，你的帳戶裡面一領到薪水就剩零錢，這樣我很不好貸給你欸。」於是我也不貸款了。

平常就是上班工作、下班發呆。

曾經想過下班後去做外送或是開計程車，反正也是閒著沒事，後來誤入歧途寫了本書，加入寫作的行列，從此不能好好地當宅男。不能沉迷於線上遊戲，不能練功練到封頂，不能天天下班沒事，一整個晚上打打小牌，好可憐。

但想想，每天能記錄一些上班的小故事，也認識了一些特別的人，更有一群有趣的網友會看我的東西，想起來也是滿開心的啦。

但是呢，書寫也有改變一些生活，開始有人會跟我說：

「要存錢。」

「要運動。」

「要健康。」

「要更充實。」

「要上進。」

「要……」

常常覺得很奇怪，當一無所有的時候，別人不會要求你，但是當往上爬一點的時候，別人就覺得你應該要改變。可是改變之後的我，還是我嗎？而喜歡宅在家裡就很快樂真的錯了嗎？人生真的要努力正向才是完美的嗎？而我這輩子追求的是自己的愉快、還是別人的期待呢？

好多好多問題和往事在我的腦子中打轉。

某天，我們去接了一個在家往生的先生，已經往生大概八天了。那是一間套房，給人的感覺滿舒適的。發現人不是鄰居，是同事。這個先生有兩組同事，一組是早上工廠的，一組是晚上物流的。同事表示好久沒看到他上班了，因為有欠往生者錢，最近做夢都夢到往生者跟他要錢，心裡怪不踏實的，想說才欠幾千塊還一還好了，就去往生者家裡找他。敲門沒應，電話沒接，後來想說報警看看，果然真的往生在裡面。之後，警察找他家屬的時候才發現，緊急聯絡人是亂寫的，他們家全世界只剩他一人。

想找房東處理房子，才知道那間房子剩一年貸款，他做兩份工就是想快點還完房貸。於是，我們那邊有房的「長老」多了一位。

所謂「長老」就是一些無名屍、無名骨、有名無主的遺體或是家屬不願意處理的，冰在這裡，可能幾個月就處理掉，也可能好幾年都沒有人願意出面處理……

事後，我和同事老宅討論：一樣沒家屬，死在公園的當天被發現，和死在自宅後一個禮拜才被發現，住在千萬的棺材裡，這兩種不知感覺如何。我心想：窮極一生之力買的棺材，想必很舒適吧。

有一次，附近的業者告知說最近他可能有一個案件要送來，目前還在救，但是家屬都覺得送來可能比較好些。

我們覺得奇怪：怎麼可能送來好些？

於是業者說了。

「這個小姐是這樣的，每個月都月光不打緊，卡債欠一堆，買了一堆精品、名牌包、名錶、衣服和鞋子。終於到某天，她發現自己過不下去了，開始向親朋好友借錢。「借到沒得借之後呢，把所有精品都放車上，開著車去山上打算燒炭自殺，結果在燒炭的時候，炭盆倒了，變成火燒車，被旁邊來夜遊的人發現。

「滿車精品沒了，她被燒成植物人。你覺得家屬是希望繼續養她，還是有朝一日能讓我接手呢？」

聽完這故事，不知為何，我很希望有朝一日可以接到這個小姐，因為真的太慘了，這樣子拖下去，只會拖累家人更多而已。

另外有一天，我和老宅去醫院接一個老人家回來。

老人家原本住在安養中心，家境不太好，兒子常常拖欠費用，但還是加減有付。某天老人家真的不行了，送去醫院急診住幾天，往生了。

家屬不出來處理，變成社會局接下，於是由我們去。

到了現場，護理師一臉古怪地告訴我們，他的家屬會來看。我們想說奇怪，都已經是社會局案件了，怎麼家屬還出面呢？

結果來了一個大哥，看見老人家，他哭得很難過，哭著哭著，護理師過來問：「請問你是他的家屬嗎？」

那個大哥點了點頭，護理師就繼續問：「那有關於費用部分……」

大哥立刻擦了擦淚，說：「沒有啦……我是遠房的，聽說了來看看而已。」之後他問了廁所在哪裡，後來，就沒再出現了，而我們冰庫又多了一個長老。

幾個月後，社會局請家屬來簽聯合公祭的申請書，我總覺得那個自稱「兒子」的人在哪裡看過，但其實也不重要了。

有時候，沒錢真的很可怕，可以讓爸爸變得不是爸爸、媽媽變得不是媽媽。有天，是否我會因為沒錢而不敢承認我的家人呢？

不，我不可能。

做看護時，我負責一整排的爺爺、奶奶，常常聽他們的小孩介紹是某醫院院長、某退休警長、某地主、某公司主管的媽媽。

當年我待的那家醫院，算是中間價位偏高的，一個月四、五萬跑不掉，住的人也都是家境還不錯的。當中午我泡好牛奶，把躺在床上的爺爺、奶奶的病床搖高，準備餵食他們喝牛奶的時候，總是想著：他們個個身家百萬、千萬計，但是比起我，他們真的快樂嗎？

我什麼都沒有，只有一副可以跑、可以跳的身體，是不是就贏過他們了呢？

有天，我問一個長期坐輪椅的爺爺這問題，爺爺說：「傻孩子，假如我的身家可以換站起來跑跑跳跳，我當然願意呀！」

那時候的我不斷在想，究竟是他過得比較好，還是我過得比較好。

隨著這份工作做得越來越久，看到的事情越來越多，也越覺得我這輩子是來學習如何做一個容易滿足的人。

我們這邊有很多怪人，有個老頭沒事就來這邊晃，有一次，夜班警衛大胖問：「你為什麼喜歡半夜在殯儀館走來走去呢？」

老頭想了想，說：「常常來這裡，就知道自己過得多幸福。」

可不是嗎？那我為什麼要在意別人的眼光、別人的期待、別人的要求呢？

有時候，好希望我還是那個上網發發牢騷、寫寫文章的快樂肥宅，過著一事無成的荒謬人生，好像什麼都沒有，卻又什麼都有。

不管如何，未來的我一定要更肥！更宅！

願我一生都肥宅；

不帶遺憾進棺材。

PART 1

以為都是應該的

家裡面誰最笨？

付出的最笨……

流水帳

今天又是無趣的開始。早上閒閒沒事，看著「小老闆」（守護冰庫的地藏王菩薩），跟祂眼神交流一下，希望今天不要出任務。交流沒三秒，就有人送了過來，一般般的案件，一般般的家屬。就在填寫資料的時候，下一個往生者又送了過來，然後又來一個。

唉，果然不能說嘴，是會出事情的。

第一組一般般的案件，真的什麼都一般般。等到家屬到齊的時候，因為往生者手中有手尾錢，所以我們請他女兒拿冥紙換往生者手上的錢，就在換的過程中，由於屍僵，所以他女兒感覺手被往生者握住了，原本很難過的女兒突然大哭，她覺得父親還有話要對她說。旁邊的親友也靠過來，不斷自言自語地跟遺體說話。

一旁的我看在眼裡，不知為什麼有種不耐煩的感覺。後面還有一大堆人排隊，而這組家屬因為一般的屍僵，全部擠在這邊不出去。

我正要去告訴他們後面還有人要進來，突然想到，在我眼中一般般的家屬，做著一般般的道別，訴說所謂我眼中一般般最後的話，可能是他們這輩子的一件大事，可能是喪父，可能是喪偶，可能是喪子。那一般般的道別，或許是在跟最愛的人做最後的離別。

我開始懷疑，自己是不是對這一切都麻木了。

等到下一組家屬的業者對我說：「能不能快一點？」

我告訴他們，「等這些家屬好好把話說完，這是他們這輩子最後的對話。你們沒差這點時間吧？」

就這樣，在冰庫一直忙到下午要驗屍。驗的是什麼屍呢？是前一天，專門開車出去接遺體的「老司機」接了的一具腐屍。孤獨死。

關於孤獨死，我們看到不想看了，應該是每三、五天就有一具孤獨死的。也不奇怪，基本上有家屬的通常都簡單辦，因為孤獨死的亡者，剩下的家屬也不會親到那裡去。沒家屬的就成為長老，等到排隊輪到他後，就火化掉，彷彿不曾存在過一樣。

所以老司機接回來後，也不多說就直接冰存，沒有儀式，也沒有哭泣著捨不得的家屬，就這樣被我們推了進去。

隔天認屍的時候，非常意外地，全家都來了，來的有老婆、兒女，而且看起來並不窮困。這倒是很令人玩味的事情，因為通常這樣的話，不會走到孤獨死的景況。

驗屍前，兒子跟警察說，父親和他們是長期分開住。

他父親原來是志願役，退伍之後回到家裡，可能是不適應，就把軍隊那一套帶回家。原本爸爸對他們來說是家裡的支柱、穿著軍服的大英雄，但是退休之後，在家裡卻是不斷以命令的方式指揮大家，出門要被查勤，回家時間若跟報備的不一樣會被鎖在門外，自此後沒有正常的生活，整日on call，家人都困擾不堪。

在協議之下，他們分開住，只有過節才在一起。

一轉眼十多年過去，慢慢地，他們變得少聯絡，老人家也變得孤僻，就這樣死在外面，變成腐屍，至少死亡一週了，無人問津。

認屍完後，直接用最快的方式處理，幾乎是隔天就結束了。

旁邊一個長輩罵那個兒子，「有那麼嚴重嗎？他沒有養你們嗎？弄得跟仇人一樣！」兒子的臉色壞到不行。

在旁邊的我看了，笑一笑。

有時候，雖然一開始只是小事，但是經過長期精神上的折磨，後來就會發現，這個小事變成了深仇大恨，又或許也不一定是什麼恨，但一定是一個無法解開的，注定不能同在一個屋簷下的死結。

而那些親戚沒跟這個退伍軍人住在一起，沒經歷過，自然不會覺得這是什麼大事。

「有這麼嚴重嗎？」永遠都是事不關己的人才說得出口。

等到驗完屍的時候，大概下午三點多，感覺是可以開始享福等下班了，但一通電話打碎了我的美夢。「接體，××地區農田旁水溝。」於是我們把裝備穿一穿，急急忙忙趕到現場。

到了現場，聽到家屬的一陣罵，「你們搞什麼？那麼久才來！你知道你們這樣，我老爸要在水裡泡多久嗎？你們死公務員不知道家屬的感受嗎？」

聽了這些話，看看現場的狀況，我們問警察：「請問鑑識小組有說可以移動嗎？」警察說：「他們離開的時候就說可以移動了，但家屬不敢。」

看著卡在水溝裡面的老人家，那個水溝很小，不到膝蓋，應該是經過時跌倒撞到頭而往生的，我們其中任一人都可以輕鬆地把他抱起來，但旁邊的家屬一句接著一句：

「小心點！」

「那是我爸爸！」

「不要再讓他受苦！」

「快！」

「阿彌陀佛阿彌陀佛……」

我心裡不禁想：假如在水溝裡的那個是你很重要的人，警察又說可以抬起來了，我會讓他在裡面多泡那麼久嗎？

我笑了笑，反正這種言語沒少過。

終於回到公司，打了卡準備下班，同事們順便聊一下最近哪邊有人被打死、哪邊有人上吊、哪邊又有腐屍。

那些活著的人、死去的人，家屬和死者，陰和陽，沒少過的抱怨，和無盡的遺憾，夾雜著多少別人人生的故事……

就只是我們工作的一部分而已。

付出

上班的時候，老宅泡了杯老人茶，我買了早餐店的炒麵，早上閒閒沒事幹，我們就在辦公室裡閒聊。

老宅說：「之前我有個同事，我看應該差不多有憂鬱症。」

我吃著炒麵，心中倒是很疑惑。其實我對憂鬱症這東西一直抱持著疑惑：假如人一直生活在負面的情緒中，那他到底靠什麼活下去的？對常常可以找到樂子的我，這問題真的無法想像。

老宅喝口茶，接著說：

「那個女生是我以前的同事，年紀和我差不多，快五十歲了。她很年輕就出來打拚，小時候家裡環境不好，有弟弟、妹妹要照顧，所以書沒讀很多。由於要幫忙養家，也不結婚，因為覺得結婚後組了家庭，又是另外一個責任的開始，於是就將自己的人生奉獻在家庭，賺的錢不是給爸媽，就是借弟妹，在弟弟、妹妹結了婚之後也是這樣。

「直到某天，她的身體出了點問題，必須常常進出醫院，每次看完醫生，她都會很虛弱，但是他們家滿鄉下的，所以很希望弟弟、妹妹可以陪她去看，加上看醫生要花錢，她就想停止給父母錢，然後借給弟妹的錢也想拿回一點。

「但是弟妹都有工作，難得休假要顧自己的家，沒法陪她，借錢的部分，一時也沒法還。爸媽可能一直拿錢拿久了，雖然曉得女兒身體不好，但知道每個月會少收點錢，偶爾還是會碎碎念。

「她頓時矇了，不知道一輩子為了家庭是為什麼。

「爸媽需要錢，她一個月給自己幾百塊的零用錢，其他全部給爸媽了。弟妹要讀書，她去紡織廠上班，每天中午不吃，就是要給他們學費。小孩要上學，弟弟、妹妹的錢周轉不過來，她去標會。

「為什麼她有困難的時候，大家對她這樣？當初找她幫忙的時候，她都是二話不說。為什麼現在的她要變成去求人幫忙，而對方沒辦法以一樣的心態對她呢？

「這種情緒越來越強烈，她每天在家開始碎碎念，怨父母，怨弟妹，怨老天，怨自己……直到最近好像是精神出了問題。」

老宅說到這裡，問我，「你怎麼看？」

我的炒麵吃完了，正要喝排骨湯，想了想，說：「我覺得是她的不對，她自找的。」

老宅一聽，低聲說：「我也是這樣覺得。」

排骨湯喝完了，我拿出兩顆家屬給的菜包，邊吃邊跟老宅說：

「我覺得付出就是要無怨無悔、不求回報的。我一直覺得每個人來到世上，都有每個人的功課，要把自己的功課做好，才能去幫人寫功課。而每個人拿到的功課是不一樣的。

「有錢人拿到的可能是一加一等於多少，我們拿到的可能是加減乘除又開根號，不必替別人去想答案，要專心做好自己的題目。

「爸媽帶我們到世上，我很感激，在我能力之內，我照顧爸爸，也對我媽不錯。妹妹雖然是手足，但是她們的功課都要自己做。我兩個妹妹都高中畢業而已，大的後來開美甲店，結婚了，生了兩個小孩。

「小的現在也混得不錯，跟我一樣單身宅，我們三不五時會去網咖。彼此的私生活或是工作，我們很少過問對方，因為雖然同在一個屋簷下，但是我們知道自己的生活要自己過。」

說到這裡，菜包吃完了，我到置物櫃拿出品客，指著黑板繼續說：

「你看看上次出殯的那位，家屬在禮廳前面吵架，女兒一直罵大嫂，『我爸是不是你害死的？你為什麼要殺了我爸？』第二個兒子也在罵大哥，『早就說要送去安養院，就你們家不要。你看，被你們照顧死了吧？凶手，你們是殺人凶手！』

「大哥看起來很自責，大嫂欲言又止，但是死者為大，到了殯儀館應該什麼事情都放下，而不是再起爭端，有何冤何仇，就讓它結束在這裡好了。

「但女兒還是很生氣，後來跑去法院按鈴申告，原本往生者準備要退冰淨身了，又被拉去解剖，看好的日子、準備好的棺木，都得延後。」

最後那個大哥終於發飆的情形，我還清楚記得。那時，大嫂在冰庫外面對小姑說：「何必呢？我跟你哥也是用心照顧呀，何必還要讓老人家開刀呢？」

小姑回：「你還敢說？誰知道是不是你們害死的！」

突然間，大哥一個箭步往前，一個大巴掌打在妹妹臉上。

「幹你的！當初說爸爸對我們那麼好，要救爸爸的是你，帶回家沒幾個月就在那邊嘰嘰歪歪，說夫家覺得不好，自己也有家庭，不方便顧，然後送他回來。我早就說不要急救，讓爸爸好走，就是你們這群虛偽的垃圾！假道學！救了又不照顧，每個月丟點錢來讓我養！」

然後他指著弟弟說：「還有你，有幾個錢了不起嗎？每個人都跟你一樣會賺錢嗎？你知道放安養院一個月多少嗎？你知道我一個月賺多少，我家有幾口嗎？放那邊我負擔得起嗎？你不願意多出一點，又在那邊罵。你們每個月給的我都用在爸身上，一分一毛都沒拿你們的！」

弟弟妹妹都無法回話。

「你們有沒有想過我們每天在家都提心吊膽的？有沒有想過半夜他咳嗽，我們全家都被嚇醒？有沒有想過為了他，我跟你們嫂子都沒有自己的生活了！」

大哥幾乎是喊的了。

「誰希望爸爸走？誰？到底是誰？幹！就死的時候你們出來哭，活著的時候我全家都在哭。幹你娘的兄弟姊妹，說好的一起照顧，錢最大是吧？大不了我這條命賠你們啦！」

一個家庭就是這樣，只要有個責任感重、想要付出的，久了之後，大家都覺得那是應該的。所以家裡面誰最笨？付出的最笨。

這時候，我的品客吃完了，而我叫的Uber Eats也到了。

不孝

每當小胖我和大胖值夜班的時候，總會在半夜一起享受美食，今天呢，我們要吃的是泡麵。

泡麵對我們來說很有挑戰，就像是人們常常說的無常，不知道何時會有人往生，也不知道何時會有人送進來，所以這個泡麵是最難掌控的。偏偏我們常常一整晚沒事，泡麵一泡，便當一熱，事情就來了，而且事情一來，起碼要花至少三十分鐘解決。所以在這裡上夜班要吃到完美的泡麵，並不是那麼簡單的。

隔天是個小日子，剛好今晚也沒什麼人做七跟誦經，我和大胖算個吉時，打算時間一到，就像白天的師父一樣喊一聲：「吉時到，大力蓋泡麵。」

誰知道，這時候來了一個看起來很凶惡的先生，好險我的麵還沒泡。

這個先生我記得，前幾天他父親送過來的時候，剛好是我接手。為什麼會對他有印象呢？因為他們家的業者常常來這邊說他壞話。

「我跟你說，現在的年輕人呀不懂什麼叫做孝道，像是我那天接的案子，那個二兒子引魂不來、做七不來、功德不來，自己的爸爸往生都這樣，要叫他買什麼，一下這個可以省，那個可以不要。好險這個家不是他作主，不然喪事這樣做下去喔，一定掉漆，一定笑死人。要省著辦喪事可以，但是古法不能廢呀，不然大不敬。」

我沒厲害到什麼習俗都知道，所謂「一庄一俗」，每個地方、每家業者或是每個宗親會都有辦喪事的不同方法，沒有什麼是一定對的，不過大致上都說得出一個道理。我對什麼禮俗之類的一直抱著問號，認為只要有緬懷的心，其實喪事可以辦得很簡單。

這個不肖子那麼晚來幹麼？我和大胖滿臉問號。

只見那張凶狠的臉配著搭不太起來的語氣，問：「今晚我可以在這陪我老爸嗎？」

我看著他，跟他說：「開禮廳要收費，你在門口不用，需要的話我幫你開。」

二兒子摸摸口袋只剩幾百塊，笑笑說：「不用。」

於是我們就不理他，任由他自己在那邊守靈。我們也是見怪不怪了，反正他不是第一個這樣做的人。

於是我跟大胖商量，先不要泡泡麵，晚點等他睡著再說，不然被看到不好看。大胖也覺得身為一個專業的警衛，還是不要在有家屬的地方吃泡麵好了，於是我們在巡邏之餘，順便看一下這小子什麼時候會睡著。

第一趟的時候，我們看到這小子拿了那幾百塊去買菸、酒和檳榔，擺在禮廳外，面向著他父親坐在那邊。我心裡想：哎哎哎，大哥，才剛開始，你好歹跪一下吧！

他看著我們似乎不以為意，點點頭向我們打招呼。

之後第二趟、第三趟，都看著他喝喝小酒、吃著瓜子，在那邊好像跟人聊天一樣。我看得有點毛毛的，就問疑似有「特殊體質」的大胖，「欸，你看得到他跟誰聊天嗎？」

大胖把眼睛瞇了一下，問：「你是說那個吃瓜子、喝酒的？還是旁邊那個穿紅衣服……」

算了算了，還是不要問他好了。

等到第四趟的時候，他老大哥還很有精神地在那邊，我看了一下時間，凌晨三點半了，再不吃泡麵，早上又要忙著開禮廳了。

我對大胖說：「不如等等我們來泡泡麵好了。」大胖點頭如搗蒜，管他什麼專業保全，你老子我快餓死了。

第四趟結束後，我們就開始泡泡麵。但是，吃泡麵不能不配飲料。

「欸，大胖，你那邊還有麥香嗎？」

大胖白了我一眼，說：「沒耶，最近都沒補貨。」

我心想：對吼，之前如果遇到很可怕或很硬的案件，我都會請大胖喝麥香，過運給他。但最近吉星高照，早上起來都聽到喜鵲在叫，沒有什麼案件，自然給大胖的飲料就少。仔細想想，好像很久沒拜土地公了，還挺對不起大胖的。

於是我說：「不然這樣好了，你看著泡麵，我去販賣機買飲料。記得喔，不要讓麵泡爛。」

大胖點點頭說：「放心，我絕對不讓麵爛的。」

於是我去販賣機買麥香，剛好販賣機在禮廳的前面，就在我投零錢的時候，聽見有人在哭的聲音，我往那聲音的方向一看，發現那個先生趴在那邊哭。

看著滿地的酒瓶、菸屁股和一個痛苦的人，原本想說買完飲料就走，但還是忍不住去跟他說了幾句，「先生，你快早上的時候要稍微清理一下喔，我們清潔的沒那麼早來，你爸的告別式很早呢。」

那先生一愣，想不到我會叫他掃地而不是安慰他。我心裡想：你哭你的，早上地板髒的話被你家人罵變成我哭，家家有本難念的經，哭完快睡吧。

只見那個先生一直道歉，但是道歉的同時卻向我走了過來，一隻手勾著我的肩膀，然後跟我說故事，「你知道嗎？」

我心想完了，一個很長的故事開頭都是：「你知道嗎？」而我只知道我的泡麵快泡爛了。

那個先生根本不管我不想理他的眼神，說著他父親。

「我爸呀，常常說我跟他最像，不管是長相、行為都一模一樣，常常告訴別人，我家老二一看就知道不是偷生的。他生前也是最疼我，我們兩個就這樣常常一起吃檳榔、看新聞、罵政府，一直以來都這樣。

「現在他走了，他走的時候，我很難過，我真的很難過，我甚至不敢來看他最後一面。就連他因癌症日漸消瘦的時候，我也不太敢看他。他應該很難過吧，為什麼他對我那麼好，而我卻不敢看他最後一面，陪他度過那段最難過的日子。

「其實我怕，我真的很怕，曾經是我的英雄、教過我許多事情的人，小時候把我放在肩膀上的巨人，突然間變成一個骨瘦如柴的老頭，看著他的眼睛，總是在說『救救我，救救我』，但是醫生說沒救了，我又能怎麼救？直到他走後，到現在，我還只敢看他的照片。我很懦弱吧？

「然後辦喪事時，我很生氣。為什麼老爸最愛吃肉，你們卻給他拜素的？他生病的時候只能插鼻胃管喝牛奶，現在死後，你跟我說要吃素跟著佛祖走？為什麼他平常最愛喝酒、抽菸，你們死後不給我拜菸、拜酒？為什麼一個無拘無束的人、熱愛自由的人，他死後要用一堆規矩來約束他、約束我們？難道拜那個刻名字的木頭會比我們真心想念他有用嗎？我不懂。」

我聽了笑一笑，對他說：

「我爸也是呀，我爸生前很愛賭，我每天都買幾張刮刮樂放在他的飯下面給他刮，而那些刮刮樂也跟他生前的運氣一樣都槓龜。現在他放在一個佛教的塔裡，其實我也覺得他很可憐，生前不信佛，死後被抓到那邊天天聽佛經。好險我不會被託夢，不然他一定親自來掐死我，找我一起聽。我去拜他的時候，都偷偷在素飯下面放雞腿，還有粽子，我們都用葷的假裝素的去拜。還有……」

這一夜是平安夜，這位先生或許是我唯一的客人，我們這樣談天說地，一個是醉得膽子大了，一個是醒著假裝醉了，怪禮俗，怪制度，怪一切大家都認為你應該怎麼做才是一個孝順的兒子，但是在我們心中還是覺得，不管如何，只要自己能問心無愧就夠了。

這一夜聊得很快樂，但是還不到早上，這先生就說：「我要先走了，等等他們就來了。我看到他們就討厭，不要跟他們說我有來。」

雖然很不想這麼講，但是我還是跟他說了，「記得要掃一下。」

回到了辦公室門口，我看著手中的兩瓶麥香，覺得自己好像忘了什麼。看到我的好兄弟大胖在辦公室裡，桌上有兩個空泡麵碗，大胖跟我說：「我沒讓你的麵爛掉，我趁它還沒爛的時候吃完了。」

好兄弟！我果然沒看錯你。這幾天不給你「補點貨」，就換我叫大胖。

早上我開禮廳時，那一家的家屬和老闆也來了。

「你們那個老二要念一下呀，告別式不來，是在搞什麼！有兒子這樣當的嗎？」

葬儀社老闆不斷在碎念，家屬只能苦笑著說，能勸早就勸了。

我開完禮廳，準備下班了，走的時候經過禮廳，好像聽到那群瞻仰遺容的家屬說著：

「咦？爸怎麼在笑呀！」

老奶奶的椅子

我們接到一個任務：去一個很鄉下的村子，把一位老奶奶接回來。

老奶奶獨居，但是跟左右鄰居很好，村長也很關心她，大概三天去她家看一次，平常社工也會去關心。奶奶九十多歲，喪偶，小孩長大娶嫁後就住村外，大概過年才會回家一趟。

平常，她很喜歡和鄰居的小朋友玩，小朋友有時做錯事怕被家裡罵，就躲在奶奶家裡，附近鄰居到奶奶家抓人的時候，奶奶多少都會說情一下。要不就是小朋友肚子餓了，到奶奶家拿小點心。總之，奶奶在這村子裡如同吉祥物一般。

她總是喜歡早上一早起來，坐在破舊三合院的門口，跟大家打招呼。也有鄰居說，她是在等兒女帶孫子回來。

但是，人都會老，老了都會死。

有天，村長像往常一樣到奶奶家關心老人家，卻發現她倒在床邊，沒有呼吸了，於是打了通電話給我們。

我們到的時候大概中午，原本想說處理很簡單，裝好屍袋後帶回公司，讓她在那邊好好休息就好。但是這次不一樣，現場警員對我們說：「地檢署和法醫說要現場驗。」

我們一聽嚇到了。莫非是凶案嗎？

在這邊跟大家解釋一下，有時候驗屍會有區別。沒什麼疑慮的話，基本上都是等鑑識人員拍完照，然後載回殯儀館等待相驗。假如是在比較鄉下地方，遺體放家裡，就是在自宅相驗，隔天法醫和檢察官會去喪家。

有一些是明顯意外、緊急情況的，鑑識小組會請我們趕快處理，然後他們到殯儀館再拍照，法醫可能是當天晚上或隔天一早來驗，像是國道車禍、火車輾斃或鬧區「小飛俠」（跳樓）。

要現場驗的不是說沒有，但比較稀少，一般來說，凶案比較多。

後來據說是這組人員下午會經過這裡，就想順便現場驗好了。我們是沒差，就在旁邊等，但是看著這純樸的鄉下，左右鄰居看起來都是老實人，老人家家裡看起來也沒什麼好偷的，真不曉得為什麼要現場驗屍。

等著等著，從下午一點等到四點多，等到小朋友都下課了，等到三姑六婆都回家煮飯了，等到農忙的農夫都從田裡回來了，但是呢，現場的民眾都離不開，因為等等檢座要問話。大家都等得不太耐煩，又有一股奇怪的氣氛。

我們倒是習慣了，畢竟驗屍時不曉得會有什麼情況發生。我們擔心的是：房間裡的遺體一直放著，不會怎麼樣嗎？

直到大概五點，他們終於來了，於是我們戴上手套，拿著剪刀上工。為什麼要帶剪刀呢？因為驗屍的時候要把衣服全部剪開，看看有沒有外傷。

我們進屋一看到奶奶的臉，都嚇傻了，奶奶的臉上有一條一條的痕跡，法醫一看，說：「齧齒類動物咬傷……」

唉！果然放著太久，房屋又太老，被老鼠咬了呀……

村長一聽，眼淚掉了下來。

不是我們袖手旁觀，是一切都要合程序，假如真的是被搶劫後殺害，我們亂動遺體會影響鑑識，所以也只能默默地配合。

驗屍完之後，我們到屋外準備了一個簡易的問話位置，從破舊的三合院裡面移出一張大鐵桌、幾張椅子。村長看了後搖搖頭說：「怎麼可以讓檢座坐那麼爛的椅子呢？」

他指著外面的一張大椅子，「這張拿去給檢座坐。」

我們就照辦。

後來檢座請一堆村民來問話。

「亡者生前交友狀況如何？平常都在做什麼？最後一次看到她是什麼時候？」

村民A：「老奶奶生前都沒出門呀，老人家也走不久啦，只跟我們這些鄰居閒聊，生前最喜歡坐在椅子上晒太陽，就是你現在坐的這張椅子呀！然後最後看到她是今天凌晨我要去田裡忙的時候，那時候我看到她坐在這張椅子上，還笑著跟我打招呼呢！」

檢察官一聽，屁股挪了一下。法醫「咦」了一聲，我和老司機在旁邊聽，也跟著「咦」了一下。

檢座轉頭問我們，「欸欸欸，你們不是說昨天晚上就往生了嗎？」

法醫和老司機互相看了一眼，法醫問：「老司機，你接過那麼多，這個幾天了？」

老司機說：「法醫老大，這個至少一天了啦，沒看那個屍水流成這樣，怎麼可能早上見過？」

法醫也覺得奇怪，這個照理說應該是差不多昨晚往生的呀。

然後繼續追問第二個、第三個村民，都是一樣的答案。

檢座大人的腰可能比較不好，問到第二個人就離開了那張大椅子。

早上忙農的農夫、地方的婆婆媽媽和小朋友，都一個口徑地說：「阿嬤像平常一樣，在椅子上揮揮手，笑著跟我們打招呼。」

法醫也感到不解，但是鄰居們的口徑都一樣，奇怪歸奇怪，但假如家屬沒什麼疑慮，也沒有遺產問題，一般來說不會解剖，只好先送到殯儀館。

隔天家屬來的時候，我們就如同往常一般開冰庫認屍，或許是臉上的齒痕太嚇人，家屬才看一眼就說：「沒錯，這是我家的老人家。」

法醫問他們：「對老人家死亡有疑慮嗎？」

家屬回答：「沒有。」

法醫說：「那就不解剖了喔！」
家屬說：「就讓老人家好好走吧，不要再讓她開刀受苦了。」
法醫正要離開的時候，突然問一句，「老人家有保險嗎？」
家屬們面面相覷，沒有人知道，後來其中一個女兒說：「我有幫她買耶，這樣有差嗎？」
法醫說：「意外死、自然死和自殺、兇殺，都與保險賠償金有關喔。你們要不要討論一下？」
法醫繼續往辦公室走，但他還沒走到辦公室，討論結果就出來了。
「小胖，準備一下，兩天後有解剖。」

原本事情就這麼結束了，直到某日我們和老司機閒聊，提起這件事情，老司機小聲地說：「其實後來我們有調那邊路口的監視器……」
我抽口菸，問他：「然後呢？」
老司機想了想，說：「椅子在，大家都沒說謊，她都有打招呼……」
我接著問：「老人家呢？」

老司機詭異地一笑，說：「電話來了，我去工作了。你想想，那具真的有可能只往生幾小時嗎？」

我想了想，我不相信她只往生幾小時。

但，我也不信有鬼。

棺材裡面裝什麼？

一般是說裝死人，不裝老人。

要是我是喪家，我希望裡面裝的不是我親愛的人，

而是我。

千古難題

常常聽到有人問：「假如媽媽和老婆掉到水裡，你會救誰？」

我當看護的時候，有個很可愛的奶奶，第一次看到她就被她叫人的方式嚇到：「哥哥，幫我拿水。」

奶奶看起來沒有九十，也有八十，但逢人就「哥哥」、「姊姊」地叫，身為好奇寶寶的我問旁邊的看護學姊，「為什麼她會這樣叫人呢？」

於是我們邊工作、學姊邊解釋。

原來，這個奶奶剛被送來時不是這樣的。她剛來的時候常常鬧脾氣，動不動就丟東西，總是說自己的兒子很忙，只是沒時間照顧她，所以把她送過來而已，不是不要她了。她說她兒子很會賺錢、很有錢，不缺這點錢。

原本她兒子大概兩週來一次，後來一個月，後來三個月，後來不來了，每個月都是繳費時錢到人不到，再也沒來看過媽媽。

奶奶從此就變成這樣了，「哥哥」、「姊姊」，「請問」、「麻煩你」，開始謙卑、謙卑再謙卑，因為她知道她兒子不會再來了……

我一邊換著另外一床的尿布、一邊回頭看那個奶奶，原來那麼客氣的人，有段這樣的過去，真的是意想不到。還好是這時候遇到這位奶奶。

當看護的時候，就怕遇到愛耍脾氣和即將要老人失智的，而不是躺在病床上的，理由跟我後來在看護和殯儀館之間，選擇殯儀館的原因一樣：需要溝通的人總是比較麻煩。

誰知道我來了沒幾個月，這個乖乖的奶奶就開始慢慢退化了：半夜常常二十分鐘按一次服務鈴；明明尿布是乾的，卻覺得自己小號了；常常忘記吃飯；總覺得有人偷她的衛生紙。她的壞脾氣也慢慢起來了。

有一天晚上，我推她去晃晃，她指著窗戶，驕傲地告訴我，「我兒子在那棟裡面。」我看著窗戶，外面滿滿的高樓，但還是敷衍她一下，「哇！好棒喔～奶奶，我們不要晃了，回房間睡覺好嗎？」

奶奶繼續指著窗外，說：

「你看，以前我住在那邊，破爛的房子。我老公走得早，我一個人把兒子養大，希望他能賺大錢、住大房子。我不斷工作、不斷工作，讓他讀書，讓他補習，讓他上大學，讓他上研究所。

「畢業後很快地，他買了大房子，真的好大、好漂亮，有一張很大、很舒服的椅子，我記得他告訴我，『媽，你不要再上班了，我養你。』值了，一切都值了，他長大有出息了。

「然後就是娶妻、生子，好了，我也沒對不起老公，我們家有後了。可是那個媳婦呀，唉，那個媳婦呀……為什麼我養我兒子那麼大，他什麼都聽他老婆的？我兒子應該要聽我的呀！沒有我的付出，有現在的他嗎？」

老人家伸出手，滿滿的厚繭。我一看就哭了出來，因為那個繭和我外婆手上的一樣，那是一種動章，一種為家庭付出的動章。每當我看到外婆的厚繭，看到外婆因為當年在田裡插苗的駝背，我都會偷偷掉眼淚。

奶奶比我堅強，繼續說：「說好送我過來後，會天天來看我，然後每次都說自己忙，我請護理師打回家也說賺錢重要、賺錢重要。對，你小時候，我也是跟你說賺錢重要，但是我賺錢，我有冷落過你嗎？我會因為賺錢，不關心你嗎？你說呀！你說呀！」

此時窗前只有我和奶奶兩個人，我有一股衝動想抱著奶奶，對她說：「阿嬤，對不起！」

但是下一秒卻聽到她說：「還有，我房間的衛生紙是不是你偷的？我就知道你們這種擦屎的手腳不乾淨。你說呀！是不是你偷的？」

我把眼淚擦了擦，說：「奶奶，你再不回去睡覺，我其他人都不用顧了。不然叫你的有錢兒子請個人來看護好不好？這樣就有人天天陪你喔。」

「好呀，我兒子很有錢，等等我打電話給他。今天星期幾呀？我兒子週六會來看我喔。」

我看著奶奶房間裡一直都是週五的日曆，將她的尿袋掛在我腰上，然後把她抱上床，指著那張日曆說：「奶奶，你先睡，你兒子明天就來。」

那時候奶奶的笑容，到現在我還記得，那個笑容在我外婆臉上也有看過，就是我出第一本書的時候，既驕傲又期待。

當我離職時，找了很多和我很熟的老人家拍照，奶奶是其中一個。拍完之後，我指著奶奶腳上的襪子說：「奶奶，這是我送給你的禮物，你看到了要想起我喔。」

奶奶卻回我，「胡說，這是我兒子送的。」

我不禁又流淚了。幾週前，奶奶的最後一雙襪子破了，護理師打給他兒子，請他送襪子來。他兒子說：「我很忙，不然你們幫我買，錢我再跟你們算。」

我聽到就很不爽，隔天帶了一雙襪子給奶奶，跟她說：「奶奶，你兒子給你的喔，漂不漂亮？他沒時間拿，請我幫忙拿給你。」

奶奶笑得很開心，等到我把那雙襪子放到她的櫃子裡時，發現她多出很多襪子。一開始我還很高興，以為說不定是兒子真的來看她了，卻聽到後面八卦學姊的笑聲，「你以為只有你一個人關心奶奶嗎？」

怪不得常常有人說，做長照的人是做功德的，果然每一個都有一顆這樣的心。

我到殯儀館之後，有一個很壞、很壞的習慣，三不五時用電腦查一下以前很熟悉的爺爺、奶奶的名字。

這樣做，在一般人眼中很不吉利，但我是希望在他們走之後，還能幫他們上個香、換個水，無償都沒關係，因為我很在乎他們。

隨著日子一天一天過，我的名單也一天一天少，然後這天還是到來了。

奶奶走了。

但我不是一送來就知道，而是某天我突然想起她、想起那雙襪子，就查了一下她的名字。查到的時候，我心裡很沉重，希望不是她，她應該長命百歲地活著。但也希望是她，早點走了吧，不要再等那個永遠不會來的兒子。

那天，我進了冰庫，朝那個櫃號拜一拜，心想著：不管是不是，之後我會連續三天來燒香的，希望不要介意我的不禮貌。把屍袋打開後，我笑了，開懷大笑，笑到眼淚都出來了。

「奶奶，你過得不錯喔，還變胖了呢！」

奶奶的喪禮很簡單，一個禮拜解決，而有錢的兒子只有在第一天來過。我看了一下電腦，發現奶奶連死後誦經都沒有，直接就是訂禮廳。

出殯的前一天，奶奶化完妝之後，精神許多。

要放入棺木一起燒的一般都是新衣服，我看了看，哀，居然還有我送給她的襪子。

當她的遺體被推去禮廳的時候，我看著禮廳正中間那個大大的人形看板，那是奶奶年輕的時候，一個勇敢、堅毅的婦女，莊重嚴肅。或許那是她兒子對她最後、最好的印象。

我打開手機，看著那個跟我合照、比著ya的老人，很想把照片洗出來，放在她靈前。

「這是她最無助、最需要你的時候，你看過嗎？」

不「被」希望存在的人

有天下午，我聽同事老大聊起一位葬儀社老闆的往事。

某年，那老闆接了一件案子，電話另外一頭的家屬說他們的母親往生了，需要一台接體車，於是老闆就開開心心地去做生意了。

到了現場，發現那個地方之詭異的：一間凌亂的套房，一個大口大口喘氣的老婦人，一個在床旁哭的中年人。

雖然詭異，但老闆也不是沒見過世面的，直接問那個中年人，「電話是你打的嗎？」

中年人點點頭。

「那往生者呢？」

中年人看著床上還在喘的老婦人，說：「再等一下……」

老闆氣往上衝，一句三字經差點罵出來，但是看看床上的老婦人，還是忍住氣說：「先生，有擔當一點好不好？這時候應該是送醫院，而不是先叫我們來。就算要叫，也等不喘了再叫吧。」

中年人木然地看著老闆，說：「擔當？我照顧她十多年了，你告訴我我沒擔當？我老婆照顧她照顧到跑掉了，你跟我說我沒擔當？我這幾年存不到錢，常常還要跑醫院，你跟我說擔當？」

老闆搖搖頭，大喊晦氣，決定離開，這趟算是撲空了。

隔天，他接到一模一樣的電話、一模一樣的地址，但是過去的時候，已經有屍體收了。運送屍體回殯儀館的路程中，接體車上除了佛經，還有中年人一聲聲的對不起。

聽完這個故事，我內心滿唏噓的，老大本來要再補充一個故事的，這時候，電話來了。

這次是在自宅，往生者是病死的，跟他同住的是他的兩個兄弟，但是往生者已經死亡超過一天了。重點是，那幾天他們除了上班，其他時間都在家。

我們到了現場覺得納悶：你們都住在同間屋子，為什麼家人往生超過一天，你們不知道？

現場鑑識小組先開問了，「先生，你多久沒看到你哥哥了？怎麼現在才發現？」弟弟說：「我們雖然住在同一間屋裡，但是都沒什麼聯絡，各過各的。是醫院通知我哥哥沒去洗腎，我去敲他的房門，打開後才發現他死亡的。」

鑑識小組又問：「你們平常都不說話嗎？吃飯也沒一起？都沒有話聊嗎？」

弟弟指著滿地的便當盒、寶特瓶和垃圾，說：「他就跟廢人一樣，整天不工作就住在這裡，動不動伸手借錢。房子當初是爸媽登記給他的，不給他錢，他就吵著要把房子賣了。我們兩個也不好過，又沒辦法搬出去住，他還有一個女兒，生了不養，都是我們在幫他養的。平常一開口就是要錢要錢，他不跟我說話就謝天謝地了，我們怎麼可能跟他講話！」

我們看看環境，看看那個弟弟的衣著跟外觀，再看看往生者的電腦螢幕上是某個線上賭博遊戲，嘆了一聲，把往生者從三樓抬了下去。

隔天驗屍的時候，往生者的女兒也到場了。當我們告知相驗要請葬儀社時，幾個家屬互相看了看，問：「多少錢？」

我告訴他們，相驗大概行情一個人一千，會需要兩個人。

想不到他們給我一個意外的答案，「大概要怎麼驗？」

我想了想，告訴他們，「翻翻身，把衣服剪開，看看有沒有外傷。」

他弟弟說：「那麼簡單？你可以借我剪刀，我自己驗嗎？」

就這樣，他們一家子就在驗屍室裡，自己驗了……

等到結束的時候，地上都是往生者的衣服碎片，我問他們要不要拿件衣服幫往生者穿，他們說不用，沒關係。往生者就這樣一直光著身子，直到出殯。

當天下班後，我去市場買菜，看到前面的攤子有個人在買火鍋料。攤子老闆說：「大哥，你今天買比較多喔。」

他說：「家裡有喜事，要慶祝一下。」

離開市場後，我想了想，那個身影……咦？有點熟悉……

棺材

暑假一到，意外就多，而且更令人難過的是年輕生命的流逝。

這天，一個老奶奶來到我們冰庫，看到我在外面，朝我點點頭，我二話不說就打開了冰庫門，帶她去某個櫃號。她從一開始的難過、悲傷、無法接受，到現在的一句：「這是她的命呀！」我想，老人家應該已經釋懷了吧。

孫女臉上用毛巾蓋著，身體披著往生被。聽奶奶說，這孩子的爸爸還在蹲，媽媽早就跑掉了。

孫女很聽話，真的很聽話，高中學測考上了理想的學校，接著就打工——到這裡，一切都像是一般芭樂劇裡的劇情，了無新意。各位看官不妨想想接下來有什麼事情發生……該不會是車禍那麼瞎吧！

還真的就是那麼瞎。

而那個妹妹不像本土劇一樣失憶或是交換靈魂，或者頭髮上包了一大包，而是頭骨碎裂、腦漿溢出、全身多處骨折、臟器外露。

這邊是殯儀館，不是卡通，不是遊戲，不是連續劇，沒有重來，沒有存檔，不能起死回生。有的是悲哀，有的是早知道，有的是還沒說出口的愛、感謝，以及對不起。

「小珊呀，阿嬤來看你啦，你有沒有好好的？阿嬤好想你呀。小珊呀，下輩子要好好過喔。唉！早知道就不讓你打工了，阿嬤還可以賺錢，為什麼你那麼會想，為什麼你不跟平常的小孩子一樣，畢業了好好去玩，唉，這叫我怎麼跟你爸交代呀！小珊呀，今天阿嬤帶你的畢業證書來，阿嬤等等燒給你，好嗎？小珊呀，對不起，阿嬤對不起你，阿嬤好想你呀，小珊呀……」

這種內容，加上是阿嬤說出來的，還有那顫抖的聲調，我聽了實在凍未條。我轉過頭，不聽她說話。

她手上拿著今天去學校幫孫女拿的畢業證書，跟孫女話家常，而我連告訴她探視時間到了的勇氣都沒有，只能等她說完話，對她說：「節哀。」扶著她走出冰庫。出了冰庫，阿嬤看看旁邊棺木店送來準備入殮的棺木，問我：「棺材裡面是要裝什麼？死人，還是老人？多希望裡面裝的是我，我不必那麼痛苦，而她也有她的大好前程……為什麼老天帶走的是她？為什麼？」

而我不知道該說什麼。

這往生者一共冰了九天，九天之中，奶奶每天都到，一次看起來比一次老。等到孫女要出殯那天，我感覺老人家又更老了。

我回想起護理之家有個奶奶，她行動不便，但不是沒辦法下床那種。她可以走，只是下盤不太有力，醫生建議她最好坐輪椅，並且一天必須下床走幾分鐘。

這位老人家很有趣，她家裡很有錢，但她十分愛偷東西，都是一些無傷大雅的，譬如在吃飯的時候，她不用自己的衛生紙，偷偷用別人的衛生紙。每個看護或護理師都有自己的推車，推車上有很多傢伙，像是紗布、棉棒、雙氧水和繃帶等，她老人家有事沒事就去偷拿一些，然後被抓包了就一下生氣，一下哭。

「我一個月住在這邊付那麼多錢，拿一下這些東西怎麼樣！大不了，我叫我女兒來付錢嘛！」

不然就是：「我老人家好可憐呀，女兒把我送過來，不理我了，這些東西不留一點，要是我受傷但你們臨時沒貨了，我該怎麼辦？你們都欺負我老人家，我好可憐呀！」

有時候真的讓人好氣又好笑。

老人家還有一個問題：很怕死。

她每天早上吃飽後都會來找我們，因為我們早上上班時會幫大家量血壓，她每次都要當第一個。但是量她的很麻煩，太高的話，她會擔心一整天，然後大概過半小時又來量一次。太低的話，她又很緊張，也是每半小時來量一次。

她老是覺得自己的腳有問題、頭有問題、手有問題，常常請護理師幫忙掛號看醫生，要是不順她的意，她就自己覺得很可憐，躲在護理之家的陰暗角落裡，不開電燈，難過得全身發抖。

老人家也有對我好過。某天，她吃完午飯後看到我，偷偷塞兩顆橘子給我，感謝我有空就幫她量血壓，常常陪她說話。

我真的好感動，聽到這種話對我就是最好的回饋了，我根本捨不得吃。老人家拍拍我，叫我趕緊吃掉。這舉動讓我想起小時候，每年暑假回外婆家都胖十公斤回來，果然只要對老人家用心，她都會感受到的。

我慢慢剝著兩顆橘子，想要慢慢品嘗，突然間，一個護理師跑來問我有沒有看到那個老人家，我想她怎麼氣呼呼的，她告訴我，那老人家隔壁桌的橘子不見了！她要去問老人家知不知道橘子跑哪去了。

我一邊吃著橘子、一邊說沒看到。護理師問我哪來的橘子，我笑笑說：「我阿嬤給的。」

等到護理師走後，我兩口就吃完橘子。媽的，難怪叫我趕快吃掉。

老人家每天最高興的事情就是女兒下班後來陪她，然後說一堆照服員的壞話。

「我跟你說，那個打摳呆很壞，我今天量血壓太高，說要再量一次，他居然先跑去量別人的，真的是氣氣氣氣氣……」

「我跟你說喔，今天吃飯的時候呀，隔壁哪個陳太的菜，比我多很多呀，真的是氣氣氣氣氣……」

「我跟你說喔，挖凍未條呀，我想回家。你帶我回家好嗎？」

老人家一邊抱怨、一邊走路，女兒總是在旁邊安慰著她。

女兒天天都來陪老人家。她是獨生女，曾經有一段婚姻。母女原本住在一起，後來媽媽的腿不好，她怕媽媽在家裡跌倒，認為送過來這裡對媽媽比較好。

天天看這個溫柔的姊姊安慰著頑固的奶奶，似乎是我們每天的八點檔，天天都在上演，一天沒演就覺得怪怪的。

某天，女兒沒來，我們全部的人都很驚訝：為什麼女兒不見了呢？

而老人家更驚訝，深深怕自己被遺棄了，五分鐘問我們一次，「聯絡到了嗎？」一個人坐著輪椅在門口等，等著等著，終於盼到了女兒。

遲到的女兒被老人家大罵，因為每次她要晚到或不能來，都會跟媽媽說，這次沒講，害老人家很擔心。女兒的臉色不是很好，一直哄著媽媽，而老人家可能驚嚇過度，一直吵著要跟女兒回家。

哄完老人家之後，女兒去櫃檯跟護理師商量事情，原來這天她去做檢查……乳癌末期了。癌症總是這樣，平常沒注意，等到注意的時候，基本上都是末期了。

她不知道自己過不過得了這關，很擔心母親，母親雖然還有一些親戚，但是只有她這一個孩子，假如自己過不去……希望我們別告訴她母親，她不想讓老人家打擊太大。

往後的日子，這齣八點檔還是照樣演，不過，女兒的言行似乎更加溫柔，手握得更緊。而老人家似乎渾然不知，還是一直對女兒說我們的壞話。

直到有天，八點檔不演了，女兒沒辦法來了。奇怪的是，沒聽到老人家吵鬧，我們不知道是她們溝通好了，還是老人家早就猜到。

女兒沒來的那段日子裡，老人家真的退化得很快，她開始不抱怨、不偷拿東西、不在意自己的身體、不起來走路，整天就是躺在床上，原本好好的身體，一瞬間就變得感覺接近要臥床了。

後來沒多久，她真的下不了床，變成臥床的病患，整天躺在床上，好像蒼老十年。

幾週過後，她女兒走了。沒人告訴老人家發生了什麼事，其他親戚來了也沒說，而老人家也沒問。

但是，平常面無表情的老人家只要一入睡，就會露出白天看不到的笑容，那微笑告訴著我們，夢裡的她應該也是跟女兒手牽著手，罵著我們吧。

我離職那天，有去看奶奶，奶奶還是一樣不說話。她已經不能下床了，包著尿布，插著鼻胃管，連我跟她說再見，她也不知道。

棺材裡面裝什麼？一般是說裝死人，不裝老人。葬儀社都說裡面裝鈔票。火葬場都說不管裝什麼，等等都要變成灰。佛家說那些是表面的軀殼，靈魂跟著佛祖走了。

要是我是喪家，我希望裡面裝的不是我親愛的人，而是我。

大日子

這天在擇日師父的眼中叫做「大日子」，所以我們殯儀館內可謂車水馬龍，人來人往。

一般來說，這種日子我最喜歡一早泡個咖啡、吃著餅乾，看著一些文盲在「**冰庫前面禁止停車**」的牌子下找地方停車，靜靜地欣賞他們的那個技巧、那個方向盤的使用、那個完美的角度，然後帥氣地下車……

這時候，我就喜歡拿著咖啡，跟他們說：「不好意思，這邊禁止停車。」

這個感覺好爽、好療癒，所以每次大日子我都特別早到，跟大胖一起欣賞那張

「幹，你怎麼不早說」的臉。

話又說回來了，這天也沒什麼特別的，一樣熱熱鬧鬧，來來往往的家屬隨著場內的司儀引導，進行家祭、公祭，每個禮廳有每個禮廳的儀式，可能是某個家庭的父親，可能是奶奶，可能是小朋友，可能大家都哭得很淒慘，也可能有些人為久病的家屬解脫了而鬆口氣，也可能等到一筆……

總之呢，各式各樣的人都有。

我跟老大這天空空的，就靜靜欣賞這齣人生最後的儀式，突然間，我噗哧地笑了出來。老大白了我一眼，似乎是看這不合宜的笑容，覺得我很白目。我說：「抱歉抱歉，突然想到一些有趣的事情。」

老大說：「說來聽聽。」

我說：

「以前我在醫院也有大日子，通常都是週六、週日做一些活動，每次活動開頭都是〈快樂的出帆〉，結束都是〈感恩的心〉，唱到我都不想聽了。

「幾次下來，我發現來的家屬總是特定那幾床的，而剩下將近一半床的家屬是很久、很久才見到一次，甚至還有些家屬我根本沒見過。

「我們那家醫院附設的老人照護中心算是不錯的，設備好，又是公立的，排隊的人一堆，不像外面一些療養院放那邊等死的。但還是有很多爺爺、奶奶沒見過家屬。

「某床的爺爺總是兒子、媳婦來照顧，老人家很開心。有天我餵他吃飯的時候，誇了他兒子，說一定是獨子才那麼孝順，爺爺突然不說話了，我覺得很納悶，明明聊得很好，怎麼突然就冷掉了。後來護理師說，爺爺有五個女兒，最後一個才是兒子。爺爺非常重男輕女，分產的時候把所有錢都給兒子，所以女兒從沒來看他。

「再說某床的奶奶，她有張極甜的嘴，看到我們都『哥哥』、『姊姊』地叫，每天都被一個八、九十歲的老奶奶喊：『哥哥，我要吃飯。』『哥哥，我要下床。』一開始我很不習慣，直到護理師告訴我她的故事。

「奶奶是寡婦，獨自拉拔獨子長大。兒子長大後功成名就，也娶妻生子了，順便解決了傳說中人生最難選擇的一題：媽媽跟老婆掉在水裡，要先救誰？他怎麼選的，護理師沒說，但是她指給我看奶奶腳上那雙鞋，從她進來後就是那雙，破了也不見兒子買來新的。

「那時聽到這裡，我不禁覺得好像有沙子跑到眼睛了。兒子可以每個月固定匯五萬到醫院，卻沒辦法拿一雙好的鞋、襪給奶奶，後來還是我跟阿姨們看不下去，花點錢買雙新鞋、新襪給她。那天奶奶很開心，說了聲：『鞋鞋，好漂亮。』但是卻流了淚，不知為何，我們也跟著流淚了……」

我熄了菸，看著老大，繼續說：

「再看看這些喪禮，人來人往，車水馬龍，別說至親了，左右鄰居、從小到大的同學都出現了。我倒是覺得很奇怪，在往生者走之前，他們是不是也都這樣熱情地來看他們，甚至關心過他們？

「為什麼我照顧活人的時候，常常覺得很冷清，久久不見有人探視病人一次，但是在殯儀館卻天天有人來探視遺體，然後最常說的就是：『早知道當初我就常常去看你。』不然就是好幾年沒回來的家屬趕來殯儀館看最後一面，這樣的意義到底在哪裡？

「為什麼是活人的地方冷清，而死人的地方熱鬧呢？」

老大想了想，沒回答我這問題，倒是開口說：

「以前，我有一個好朋友很風光，事業有成，常常請一些好友出去大魚大肉，直到有天，他中風了，而且很嚴重。

「我們只去醫院看過他一次，沒想到那個意氣風發、總是福態地笑容滿面、看到我們都會來幾句笑話的開心果，現在躺在那邊，瘦得變成皮包骨，插著根鼻胃管，別說講笑話了，連笑容都沒有。

「有時候不是生前不去看他，而是有些回憶應該停留在最好的地方。前幾個月他喪禮，大家兄弟出錢的出錢、出力的出力，只能多燒點庫錢給他，算是給他幫忙了……」

我正要笑他這樣有用嗎，卻把話吞了下來。突然間，我了解為什麼一些民俗儀式總是不會被淘汰，原來是要撫慰人心呀。

我想起了我爸往生的時候，是用政府的聯合公祭，沒花什麼錢，之後我媽和我燒了很多庫錢給他，燒完後，真的覺得心情好多了。

到老

值夜班的時候，大胖在旁邊滿臉得意的樣子。他自從去了趟越南，回來後就每天這種模樣，看我就像是看條狗一樣。

「你也老大不小了，該找伴了呀，沒伴很可憐的，孤老終生。」接著，他從薄薄的皮夾中拿出一張照片，說：「要像我一樣，新南向找到真愛。這次去越南，我終於理解了，台灣男人不是不銷，只是我們的市場不在台灣，到了越南，台灣男人就變得熱銷搶手了。小胖呀，有機會一定要去越南找真愛呀！」

我看著他薄薄的皮夾，忍不住酸他說：「你看，你就是找真愛，皮夾才薄薄的。像我單身多好，一人賺一人花，沒有壓力，也不需要多去擔心另一個人、多去在乎另一個人，這樣感覺多好，而且開銷也可以控制。你這樣存得到錢買車、買房、養小孩嗎？」

正當我要告訴他單身仔的皮包有多厚的時候，發現我皮包裡面厚的是「×××紓壓」、「×××小吃店」的名片，薄的還是鈔票，眼淚就不爭氣地掉下來了。原來幫助失學少女、單親媽媽這條路，真的不好走。

這時候，我們生意來了，來的人有點面熟。

其實在這邊最好不要認人，認錯了會有點……尷尬。我面熟的不是躺著的那位，而是站著的那位年約六、七十的老人家，下車後，他步履蹣跚，一直流淚。

來櫃檯登記的是他兒子，填寫資料的時候，我看了看往生者的身分證後面配偶欄……果然認識，哭泣的老先生是我念書時的校長。

讓家屬到冰庫再見一面，就要讓往生者在裡面休息了。而這一面，我等了大概快半小時。老校長完全不像是我當年認識的那個校長，沒有了威嚴和高高在上的感覺，他只是跪在地上，一直握著亡妻的手，一直哭。

我不太喜歡這種場面，卻還是得站在旁邊看。從來不知道校長嚴肅的背後是如此深情。

我在做看護的時候，真的就像做功德，天天工作十三個小時以上。那時候我沒有摩托車，都是坐公車，所以實際上班的時間真的長得可怕，回家後還要照顧父親。有時想想，撐過那段日子之後，好像到現在都覺得沒有什麼過不太去的關卡了。那時候，我是如何讓自己充滿上班動力的呢？是急診的漂亮護理師嗎？不是。是某間病房那個爺爺的漂亮孫女嗎？不是。是每次都說要介紹女兒給我，說找我去家裡吃飯，但我直到離職還連她家在哪裡都不知道的阿姨同事嗎？不是。是那個月初很多、月底沒有的銀行存款簿裡的數字嗎？不是。

我們護理之家裡不一定個個都是臥床的，也有只需要協助上、下床，失智了怕走失，或是在家裡不方便，怕危險而送來的。但是，徐奶奶卻是人好好地進來住。她的身體狀況很好，連去市場買菜走路來回都可以，子女很孝順，大概三天來看她一次。那為什麼她會來這邊？原因就在徐爺爺。徐爺爺老了之後幾乎失明，在家常常跌倒，於是來這裡住，徐奶奶也就跟著來作伴，反正兩人的退休金都夠，不會麻煩兒女。

每天一早都看到兩夫妻放閃，從房間手牽手走到餐廳。吃飯時，奶奶一口一口地餵爺爺，回到房間念念報紙給爺爺聽，閒聊一下子孫的狀況，偷講一下鄰居的壞話，緬懷一下死去的老友，中午又繼續出來放閃。午睡起來，奶奶帶著爺爺去晒太陽。晚餐後，奶奶會邊看新聞、邊跟爺爺說今天有哪些消息，直到睡覺。

我忍不住問奶奶，「你們哪有那麼多事情好聊？」

奶奶笑笑說：「我們國中就認識了，真要說的話，還真沒那麼多事情可以講，但是我們說的不是家常、新聞或報紙的內容，而是一種感覺，一種你在乎我、我在乎你的感覺。人生九十多年，能有一個人在你旁邊八十多年，跟你這樣閒聊，還能再要求什麼呢？」

奶奶緊緊握住了爺爺的手。

噁心，十分噁心，我聽到都轉頭去忙我的事情了，只是眼角為什麼有淚痕，我不知道。

他們也是會吵架的，有一次，奶奶去廚房切水果給爺爺吃，結果爺爺睡午覺起來找不到人，著急得狂按服務鈴，說：「我太太不見了，幫我找找！我太太不見了，求求你幫我找找！」

我白眼翻到頭上去了，我老婆不見三十多年，我也沒那麼急，你在急什麼？

奶奶回來後大喝一聲，「切個水果而已，你是在鬼叫什麼！你以為這些照服員很閒是嗎？要跑掉，我二十幾歲就跑掉了啦！看看你這個鳥樣……」

爺爺雖然被罵了，一直道歉，但是笑得可開心呢。

不知不覺中，兩人的手又緊緊握在一起。

噁心，十分噁心，但為什麼可以那麼給人力量。

●

另外還有一對夫妻檔，也是活寶。

快百歲的爺爺行動不便，沒裝鼻胃管，但是躺在床上時需要氧氣罩，到餐廳吃飯時得帶著氧氣瓶。

爺爺總是笑咪咪地，但是不常說話。他剛來的時候，我還以為他不會講話，直到有天我幫他上床時，不小心拉到他的尿袋，他揮揮手叫我靠近他一點，說了聲，「幹你娘，注意一點，會痛啦！」

他老婆的狀況就沒那麼好了，失智，容易躁動，動不動就罵人，一下要媳婦來，一下要兒子來，一下要叫老公滾過來，但是發作的時間不長。

爺爺似乎很習慣老婆這樣，有一次奶奶半夜發作，我急忙跑過去看，一邊安撫她，一邊對爺爺說：「你老婆你不管管，夫綱何在。年輕的時候在家裡，你們都怎麼溝通呀？」

爺爺做出一個往前丟刀子的動作。我問：「你該不會是說你們以前吵架時，她是拿刀子直接丟吧？」

老人家點點頭，拍拍胸口做一個害怕的動作，我才知道奶奶這種躁動不是病況不好，而是好轉太多了。

有一天半夜，奶奶又躁動了，這次是爺爺按服務鈴。我到了房間，看著奶奶不斷往爺爺丟枕頭。

爺爺起先對我指了指隔壁。我說：「欸，老頭，這邊不是旅館，說換房就換房呀！」

爺爺想了想，又比了一個姿勢。我問：「你是叫我把你老婆的手綁起來嗎？」爺爺點頭如搗蒜。

我再問：「你老婆欸，你捨得嗎？」爺爺做了一個「少囉嗦，快去綁」的手勢。這晚的爺爺不會再被恐怖攻擊了。

不過，綁手真的是最後手段，有時候老人家半夜躁動會抓傷自己，而我們醫院的照服員一人要顧十個，真的沒辦法。老人家在住院前，我們有讓家屬簽同意書，才會用那東西的。

有天晚上，我發現爺爺半夜不睡覺，一直看著奶奶，我開口逗爺爺，「哎，你看了六、七十年還不膩喔？明天去餐廳看看隔壁的，雖然六十多了，但是比起你老婆年輕好看，重點是，她喪偶喔！」

爺爺看我一眼，笑著點點頭，接著又朝著日曆一看，難過地搖搖頭。

「為什麼不？」我胡亂猜，「明天你兒子要來？明天旁邊的年輕奶奶沒有要來？明天你老婆會發飆？……」爺爺都搖頭。

最後我說：「該不會今天是結婚紀念日吧？」爺爺不再搖頭，只是望著奶奶。靜靜地看著這畫面，很感動，真的很感動。

爺爺慢慢地朝奶奶伸出手，似乎想握著她，但是隔著兩張床之間的距離，他的手根本伸不到。

原本我有股衝動想幫他把床移近奶奶，但想想把奶奶吵醒後，今晚又麻煩了，只好拍拍他的手，說：「反正她忘記你了，下輩子再牽吧。」

突然，爺爺眼中滿滿的不知道是眼油，還是眼淚，伸向奶奶的手慢慢地縮了回去，揮揮手要我離開。

早上幫爺爺清潔臉部，看著他紅腫的雙眼……唉，情為何物。

突然有人拍拍我的肩膀，把我從回憶中拉了回來，原來老校長哭累了，被子女帶回了車上。

兩人到老這個約定，很浪漫，需要很大的堅持才有辦法完成。

但這真的是最好的選擇嗎？

「等待回去的時間若到，我會讓你先走。」

江蕙的這首歌〈家後〉，年輕時的我聽起來沒有感覺，而在做過這兩份工作後，我真的是聽一次，哭一次。

假如死後還可以有一個時辰告別的話……

我想跟家人好好團圓吃一頓飯。

婚姻

跟在火葬場工作的好友老林沒事聊起八卦，他聽說了一個大鬍子老闆帶著禮儀師妹妹去旅館的故事，我讚嘆地說：「虯髯客與紅拂夜奔呀，這故事肯定精采。」

老林補了一句，「那個禮儀師妹妹有老公了。」

我眼睛不禁一亮，「原來是虯髯客兄與紅拂夜奔的故事呀！這故事肯定更加精采！」

就在我們歡談的時候，來了台接體車。

下車的是一位男士，帶著兩個大概是國小和國中年紀的小朋友，兩個孩子都哭紅了雙眼。男人和往生者是配偶，那兩位是他們的小孩。

往生者不是生病，是「盪鞦韆」（上吊）。

當資料填寫完畢，要把往生者推進冰庫時，兩個孩子開始嚎啕大哭，只見那個爸爸皺著眉說：「哭，有什麼好哭？再哭你媽媽也不會回來。」

兩個小朋友立刻閉了嘴，只敢默默流淚，不敢哭出聲音。

等到隔天要驗屍的時候，多來了一組家屬，似乎是往生者的娘家。

當天，兩組家屬在休息室有了爭執，往生者的哥哥很不諒解妹婿。

我在一旁邊勸架、邊了解：原來是丈夫常常懷疑妻子出軌，只要她跟別的男人出去，不管是工作，還是朋友，他就覺得她要去討客兄，每天給她言語上及精神上的暴力，後來妻子受不了……選擇了這樣結束生命。

所謂家家有本難念的經，在我們局外人的眼中難判誰對誰錯，只能支開他們，讓他們不要有更多衝突。

後來驗屍完畢，兩組家屬分別離開，我在一旁默默觀看。在這群家屬裡，我想最悲傷的是不是那兩個懵懵懂懂的小孩呢？他們或許沒想過那麼多，只知道那個他們每天會見面的媽媽，沒有了。

某天晚上，我一個人值班，那個丈夫來到辦公室，問我能不能讓他看看他老婆。時間上當然是不允許，於是我拒絕了他，但他還是很盧，看起來很難過的樣子，一直拜託我，「我看一下就好，不會太久。」

我心想：唉，給他方便一下好了，感覺上他似乎有什麼話要跟老婆說。

當我帶他去冰庫的時候，覺得有點不對勁，這傢伙身上帶點酒味。想想，我一百七十公分、一百公斤，而大胖有一百八十公分、一百四十公斤，於是我把大胖叩了過來，偷偷對他說：「等等你hold住大門，如果他鬧事的話，我們把他抬出去。」大胖說好。

我再次跟他確認，「你知道你的任務是什麼嗎？」

大胖說：「Hold door.」

呃……這完成度有點高。

進入冰庫之後，當我拉出往生者遺體，看到的又是這種景象：先生整個人趴在太太身上，告訴她，「我錯了，對不起！我好後悔，你快起來罵我……」

這種千篇一律的景象，我每天在這邊聽到不想再聽。早知如此，何必當初？

看到他借酒崩潰的景象，我想到我小時候那段很不舒服的過去。

●

記得那時候我還很小，有一天，有一個漂亮的阿姨帶了很多玩具到我家。那時候我爸不在，只有我媽媽在家。我看著玩具，看著漂亮阿姨，心裡很開心。

她來我家後，進房不知道跟我媽媽說了什麼，從房間出來後，我媽媽一直哭、一直哭、一直哭。那個阿姨離開之前，摸著她有點隆起的肚子，問我一句，「以後我當你媽媽怎麼樣呢？」

小時候我不會回答，如果是現在問我，我一定給她一拳，問她：「幹你娘！你當我白痴嗎？」

晚上我爸回家後，我媽就開始跟他吵架，小時候我家裡常常有這種氣氛凝重的時候，也因此，我現在很會看人臉色。

那時我乖乖去睡覺，到了半夜，聽到有東西摔破的聲音，我打開房間門，從門縫看著外面，發現餐桌上有一瓶爺爺除草用的藥，我爸叫我媽喝下去，還不斷用不堪入耳的言語罵她。後來只見我媽心一橫，打開那罐東西的蓋子後就要往嘴巴倒，我爸才一手把那東西拍開。

也許是我小時候看到這一幕，所以我無法原諒我爸這個人。為什麼明明是我爸做錯事，到最後都是我媽在承擔？為什麼別人的家庭都是快快樂樂的，我卻常常要躲在棉被裡聽他們吵架？

啊，我知道了，是「結婚」。婚姻就是這樣，兩個不相愛的人被法條跟小孩綁住，導致兩個人都不能自由。婚姻就是這樣，男尊女卑，賺錢的那一方做錯事就該被原諒，女生沒賺錢能力就乖乖在家不要管。婚姻就是這樣，大人不快樂，小孩子也不快樂。

後來我沒再看過那個阿姨，但我看我爸的眼神，在那時候就已經變了。

我回過神來，再度看這個先生，這個沒路用的人跟狗一樣還在那邊哭，我只好去拍拍他，說：「事情都發生了，想想如何善後吧，想想你的小朋友，回家多陪陪他們吧。」

我嘴上這麼說，心裡卻是想：「收起你鱷魚的眼淚，這都是你害的！你這個廢物害的！等我收到你，我一定吐你口水！」

他還是不肯走，趴在冰冷的遺體上哭，我在一旁越看越覺得噁心，只好叩大胖來，把他抬了出去。

看著他離去的背影，經驗再度證實了婚姻這東西真的碰不得，那真的是墳墓，是地獄。

幾天後，告別式開始了，看著那個兩眼無神的先生，看著還不算懂事的兩個小朋友，看著眼中充滿恨意的亡者哥哥，看著這一場悲劇的落幕，也不知道如何評論這件事，只是覺得為什麼原本美好的事情最後是這樣收場。

●

幾個月後的某天晚上，我在關禮廳門的時候，發現一場喪禮布置得很有趣：跟婚禮差不多，而棺木也剛好兩具，分別是一男一女，看起來應該是七、八十歲。我回辦公室查了一下他們的紀錄，死亡時間相隔一天而已。

那天，下班後我沒有立刻回家，在禮廳外面偷偷看著他們的告別式。影片中，播放他們如何相識、如何相惜、如何一起走到最後，而下面成群的子孫都在緬懷著這一對可以同生同死的夫妻。

看完之後，我在騎車回家的路上心裡想著：啊，原來還有這種婚姻呀！

陪你到最後

某天，有一個資深司儀來到我們冰庫小老闆的門口，跟他借個火。

老人家年紀很大，從小就加入殯葬業，中途覺得一直做工沒前途，所以去學了做司儀，結果發現自己天生就是吃這行飯的。前前後後幾十年過去了，現在已經是門徒一堆的老師傅了。

借火的時候，老大看到他手中的香菸，就笑笑問他：「師傅呀，你一把年紀了，有沒有想過戒菸呀？」

老師傅點上菸吸了一口，跟我們說：

「這幾年，我死了爺爺、死了奶奶、死了外公、死了外婆、死了爸爸媽媽、死了岳父岳母，連養的狗都死快五代了，就剩下這菸陪我到現在，連我唯一的女兒都不及它陪我得久。你說，我有必要戒嗎？

「想當年我抽完根菸上去站司儀，平民百姓，我叫他站就站、叫他鞠躬就鞠躬，連總統、院長，我也是在外面抽一根，進去叫他們站就站、鞠躬就鞠躬。沒它的陪伴，我人生會很無聊。」

老人家都這樣說了，我們只能傻笑。的確，說不定陪他到最後的，就是襯衫口袋裡的那包香菸，幹麼叫他戒掉。

●

老師傅離開後，不久，來了一組人馬，牽著一隻狗，我遠遠地看，覺得滿奇怪的：怎麼會沒事牽著條狗來殯儀館呢？

結果那群人慢慢地向我走來，再看看那隻狗，才想到前幾天我們去接一個獨居老人的場景。

那間民宅裡面滿滿都是資源回收的東西，一個老人家倒在裡面，身體明顯腐敗已久，但是混著他們家都是回收物的那種味道，難怪鄰居那麼久都沒發現他往生了。

發現者應該是他養的小狗狗，就是我面前這條。鄰居說這條狗平常都跟老人家形影不離，老人家出去撿回收的時候，總會帶上這條狗。而且老人家的腳踏車居然還裝了小型遮雨棚，讓人看了不禁會心一笑，看來這狗兒子混得不錯。

狗兒子平常人緣很好，有時候會去鄰居家蹭飯，鄰居覺得怎麼最近牠來蹭飯的時間變多了，才鼓起勇氣進去屋裡看。

「我想探視遺體。」

我滿臉問號地看著那隻狗。

這時，帶牠來的那群人說他們是社工，常常去老人家裡探視，如今他走掉了，家裡就剩下一隻狗，現在是由社工們在養，希望能在老人家出殯前，帶牠看看牠的主人。

我腦中不斷地在想：究竟有沒有一條規則是不能帶狗探視的呢？想著想著，我想到了我們門口的小老闆。小老闆就是地藏王菩薩，威風凜凜地守護著冰庫，下面還坐了隻小黑狗。

「照呀！我們小老闆自己都養狗了，怎麼能禁止別人帶狗進來探視呢？大家都是狗派的咩！」

但是這樣帶進去太明目張膽了，我看著小狗，說：「我建議你們還是抱著進去好了，然後不要靠遺體太近。」

社工們點點頭，於是我帶著他們進去，一進冰庫，小狗就一直嗚嗚嗚地叫著，叫得很淒厲，原本大家不害怕的，被牠叫到全都心慌慌。

牠一下對著某櫃位吠，我仔細看一下，原來是一位在KTV被砍死的菩薩。一下對著另外一個櫃位吠，我又看了一下，原來是邋鞦韆的菩薩。然後又對著另外一個櫃位吠，我再看一下，原來是……

不行不行，這樣會沒完沒了，於是我速戰速決，打開了那個老伯伯的冰庫，將他拉了出來。

然後呢，沒有所謂忠犬護主的故事，也沒有所謂狗狗舔著往生爺爺的故事，只有一隻夾著尾巴的狗到處吠。

出了冰庫之後，狗就不吠了，跟著牠的新社工主人離開了冰庫。

這時候的我在想兩件事情。一件是假如老人家的心願就是相依為命的狗狗可以來看他一下，那他此時的心情不知道會是如何，畢竟那是陪伴他多年，唯一還能稱為「家人」的傢伙呀。

另外一件，我看著小老闆的狗，想想我家的狗，以後我一定要常常帶狗來晃晃。我含辛茹苦地把牠們幾隻養那麼大，窮的時候，我吃一碗三十五元的滷肉飯，牠們還是照往常一樣吃一包一百五的餅乾，要是我掛掉，牠們不敢來送行，我一定從棺材裡跳出來帶牠們一起走。

過了好幾天，老人家的兒子才出現。老人家只是獨居，其實他有孩子的，他有兩個兒子、一個女兒。為什麼我會知道呢？因為他兩個兒子來看他的時候，出來討論家產的部分，說了一句，「不要讓姊姊知道老人家死了，這樣她會跑回來分。」

我回頭多看了他們一眼。兩個兄弟年紀大概四十多歲，從穿著到代步汽車，感覺狀況應該還可以。

進去認出的時候只看了五秒，出來討論家產說了快一個小時，我看還是警察打電話告知他們父親死了，他們才知道這件事情的。

再想想那隻膽小的狗，剎那間，我覺得這兩個傢伙比那條狗還適合用「牠」來形容。

直到最後出殯的時候，兩個兒子有到，沒看到女兒的影子。不對，我看著社工帶著狗狗來，應該是三個兒子都到了。

一個兒子端著靈位，一個兒子打著傘，儀式進行時，狗狗在旁邊看著，這次牠沒有夾著尾巴跑掉，只是眼睛死死望著棺木。以狗的身高，牠不可能知道棺木裡面放的是什麼，但牠還是死死地盯著棺木。

最後瞻仰遺容的時候，狗狗也跟著看了，這時候才發出嗚嗚的聲音。

我看著狗狗的眼神，真的覺得牠一定知道發生什麼事情了，一定知道，眼神騙不了人的。

狗兒的眼神，真的是充滿著難過。而那兩個兒子的眼神卻恰恰相反，只想讓儀式快快結束。

等到師父喊著：「吉時到！」大殮蓋棺的時候，狗狗開始狂叫，叫得哀傷，叫得撕心裂肺。兩個兒子給社工一個眼神，希望狗狗閉嘴，社工無奈地把狗狗牽到旁邊。

看著被社工帶走的狗狗及跟著隊伍去火葬場的兩個兒子，我在想他們是不是該調換。

回家之後，我回到床前，想起今年夏天剛死去的狗狗，陪我十多年的狗狗。

還好是我送你，你才不會太難過。假如今天是你送我的話，我真不知道你會多傷心。

有時候想想這種對狗狗的感覺，是不是超過親情了，想著想著，我眼淚又流下來了。

可能我人生到最後，也是希望你這隻狗狗能夠陪我度過。

句點

離開大學後，我很少參加聚會，因為很怕與太多人相處。坐電梯的時候，我會很不舒服。參加演唱會或廟會，我會頭很暈。超過五人以上的聚會，我很少參加，就算參加了也很少開口，又加上自己工作很兩光，沒搞什麼投資賺大錢的東西，所以算是聚會邊緣人。

在我眼中最舒服的聚會就是四個人，兩兩面對面，不需要太多言語，「吃！」「碰！」「槓！」「胡了！」「幾台？」這樣就夠了。

但是宅久了，有時候也想交些朋友，正常點會說話的朋友。不是那種跟在背上不說話，然後跟到很無聊，不說一聲就跑掉的朋友。也不是那種「新茶到港一起品茗」的朋友。而是正常的朋友。

於是，我開始玩起一種可以在網路上約陌生人出來吃飯的APP，跟同事老林一起玩。

而這種聚會基本上都是問我們：有沒有夢想？需不需要賺人生第一桶金？要不要買生前契約？健康飲品來一手如何？

每次我們去都是假笑當分母，偶爾看個妹子，其實也是很無聊。

好不容易，我和老林終於找到一團滿正常的聚會了，大概是八個人，幾乎都是剛出社會的年輕人，有男有女，跟我們計畫的「交一些正常朋友」很接近了。看到沒有帶公事包、沒有帶合約書的他們，我們真的感動到眼淚要流下來了。

聚會嘛，總要有一個人當開頭，比較活潑的年輕人就來跟我們攀談。

「大哥，你做什麼的？」

「冷凍進出口。」

「哇，不錯欸！國內還國外的呀？應該很賺吼？」

「國內外都有，沒很賺。」

「不要客氣啦！進出口什麼？」

「屍體。」

「……這位大哥真愛開玩笑。另一位大哥呢？做什麼的？」

「燒烤。」

「哇！不錯欸，等等烤肉就靠你了。你在哪家店呀？早知道約去你們店裡吃就好。你們店好吃嗎？」

「我只會燒成灰，人肉好不好吃沒試過。」

這是我們在這場聚會的第一個句點。

之後燒烤開始了，大家都忙著烤肉，一群一群地聊著。我跟老林有時想參與他們的話題，卻發現我們離現在的年輕人實在太久遠，沒什麼話題好融入，直到一個帥氣的大男生陰森森地問大家：「你們知道……有人在操場上吊的故事嗎？」

幾個妹子眼睛發亮，有點害怕，又有點期待這個帥氣男生即將說出的鬼故事。

突然間，老林說話了，「大師兄，這件是不是你去載的呀？」

我放下手上的烤肉夾，喝了口飲料，開始說：「記得那天早上，我們接獲派出所的通報……現場狀況是……驗屍的時候……後來家屬來探視……出殯的時候……這就是我所了解的部分。」

我再喝口飲料，看著老林，他清清喉嚨說：「當時這一組到火葬場的時候……當火爐中的棺木一破，那屍體露出來的時候……火化完畢，我幫他撿骨的時候……裝罐完成，家屬們離開的時候……這就是我所了解的部分。」

我們看著目瞪口呆的少年仔們，看他們還有沒有什麼問題，再看看那個原本只想隨便說個小鬼故事的帥哥……

不解風情的我們，領了這場聚會的第二個句點。

後來那個活潑的阿弟仔又跳出來打圓場，聊些風花雪月的，講到小王偷情躲衣櫥裡面的故事，那些小女生笑得花枝亂顫，我也神來一句，「其實我也有躲別人老公的經驗。」

看著那些年輕人驚訝的表情，我再度清清喉嚨說：

「那年我在做看護的時候，有一個先生不希望他太太被男看護照顧，所以基本上我不會進去她房間，她可以當我媽了。直到有一天，一個阿姨家裡有事，另外一個阿姨腰閃到休息，人手實在不夠的情況下，只能我去協助她翻身。

「前兩趟沒事，第三趟她先生剛好來看她，當時我被推進廁所躲起來，直到她先生出去拿東西，我才偷偷從廁所走出來。

「我在廁所裡面滿難過的。為什麼我努力照顧那個阿姨，卻要落到躲家屬的下場？為什麼我眼中沒有男人、女人，只有病人，卻要我躲在這裡？

「男看護在職場上是會被排斥的，而在社會上又被看不起，女看護可以照顧男性和女性，而男看護永遠都被派到照顧壯碩的男人。因此每當看到男性看護，我都覺得他們很偉大，男生在這行生存真的是很不容易呀……」

我說完了，沒有反饋，只有一張張「你到底在公三小」的臉。

我領到了這場聚會的第三個句點。

結束後，沒有我們想像的互相換賴，沒有看對眼的續攤。我跟老林雙宅還是站在一塊。

離開之前，老林看著手機問我：「等等有個聚會，看電影《猛毒》缺二，要不要去看看呀？說不定會有新朋友。」

我則是說：「放棄吧！年輕人的世界，我們已經進不去了。我們講沒幾句之後就是談生談死的，沒有什麼聚會是我們的場子。放棄吧，回到我們的世界。」

我們決定刪除那個APP，回到我們熟悉的世界。

手機叮咚聲響起，是原本的豬朋狗友，「約跑缺二，要不要去看看？」

沒錯，寧可跟一群豬朋狗友約跑步排出身體的毒素，也不願意勉強自己和一群沒有共同語言的人一起過正常應酬的生活。

寧可排毒，不看《猛毒》。

這才是我們的世界。

PART 2

以為你都知道

想要那麼痛苦引人注意，
你希望得到什麼？
你希望表達什麼？

小飛俠

我們到了一個看似還不錯的住宅區接小飛俠。一到現場，滿地鮮血，亡者倒臥在一樓的店面前，老闆氣急敗壞地站在門口，不斷碎念亡者的家屬：

「你們這樣，我還要營業嗎？」

「這邊的店面多貴，你們知道嗎？」

「你們這些人怎麼那麼自私呀！」

他說得雖然沒有同理心，但是也沒錯，假如一生的積蓄都砸下去買這個店面，被這樣一跳真的差很多。

家屬在旁邊沒有生氣，有的是迷惘的眼神，不敢相信跳下來的是自己的兒子。

社區保全指揮交通，鑑識人員拍著照片，警察詢問家屬，亡者平常的交友狀況與精神是否有問題，鄰居在旁指指點點，旁邊有另外一台葬儀社的車特地繞過來看有沒有案件可以撿……

世間的一切事物都在運行，只有躺在地上的這個亡者是停止的。

想要那麼痛苦惹人注意，你希望得到什麼？你希望表達什麼？

我們在後面戴好手套、抬著擔架，等待鑑識人員說ＯＫ，我們就要上前執行工作，突然，鑑識的大哥對我說：「可以幫我翻一下他的口袋嗎？」

於是我們往前走到屍體前，破碎的腦袋，從面容看得出來是一個年輕人，以一種難以想像的姿勢躺在地上。

我照慣例對他說聲：「不好意思。」就翻翻他的口袋，發現裡頭有一些撕毀的碎片和一張紙條，上面寫著：

今生不再相欠，來生不要再見，給你們兩個自私的王八蛋！

這幾個字看起來很無厘頭，鑑識人員也猜不出是什麼，於是拿給後面正在被問話的家屬看。他們一看，做媽媽的整個人抱頭崩潰，想衝過去抱著兒子被阻止，她大喊：

「對不起！對不起！我是為你好，我是為你好！為什麼叫我王八蛋？你快起來呀！」

那一夜，我想著那支離破碎的身體、想著嘶吼的媽媽、想著口袋的碎片是什麼，想到我睡不著。

我有點害怕，怕的不是小飛俠的畫面，而是那個媽媽嘶吼的表情。

往生者其實沒什麼好怕的，最慘也是支離破碎，但是活著的人那種聲嘶力竭、那種絕望的眼神，是最可怕的。

隔天相驗的時候，媽媽沒來，只有爸爸到場，檢察官與法醫約好兩點見，他卻提早來了。

面容憔悴的他，一臉斯文的感覺，讓人覺得他的社會地位應該不低，加上昨天那個滿豪華的住宅區，應該是沒猜錯。

「大哥，不好意思，驗屍前，我可以跟兒子說個話嗎？」

原本我們想就要相驗了，倒不如等等再一起看，但是父親堅持能不能先讓他看看，不會很久。

唉，只能通融一下，我在旁邊注意他不要太激動吧。

看著自己的獨生子躺在這裡，這個父親，好像蒼老許多。他顫抖的雙手按在冰冷的屍盤上，一句句的道歉哽咽地從嘴巴冒出來，一開始好像是這輩子沒說過對不起一樣，小小聲，到最後聲嘶力竭地喊著：「對不起！」

眼看他即將崩潰，我們只好把他往外拉。

後來承辦的葬儀社來了，我們才知道大概的狀況。

往生者生在一個不錯的家庭，爸媽工作都不錯，努力培養他，希望他長大也會有成就。

跟一般老掉牙的劇情一樣，龍未必生龍，老鼠生的兒子也可能一飛沖天不去打洞，總之，這孩子不會說叛逆，但是說不上聰明。

現在的大學真的很好考，不然有可能他在高中的時候，就可以讓父母知道他不是讀書的料了。誰知道他考上一所大學後，又順利考上研究所，但是研究所出來後，卻面臨失業危機。

這個危機不是找不到工作，而是找不到父母喜歡的工作。

據說他找了一個連鎖量販的主管缺，他父母說：「我好不容易養你那麼大，你去當店員？」

找到一個園區的工作，父母說：「我好不容易養你到那麼大，你去當工人？」

久了之後，他不再找工作，整天把自己關在房間裡面，他父母又說：「我好不容易把你養到這麼大，你不去找工作？」

然後某天早上，往生者吃完人生最後一頓早餐，被父母念人生中最後一次，就跳下來了，把他碩士的畢業證書撕掉後，放在口袋裡跳了下來。

今生不再相欠，來生不要再見，給你們兩個自私的王八蛋！

現在看看，覺得這真的很諷刺。

我常常想我媽媽的偉大，好不容易把我養那麼大，然後現在的我似乎難以回報她。

小時候，她總是把身上的錢都拿去讓我學才藝，學了心算，學了跆拳道，買了一套百科全書，讓我補習，總覺得自己的兒子是龍。

「我好好培養他，總有一天會沖上天的。」

殊不知他兒子不是這塊料，只是小時候比較害怕被爸爸罵，所以逼自己努力學習、努力背書。等到長大後，某天發現自己怎麼讀都讀不好，明明以前數學很強，上高中後卻什麼都看不懂；明明國中理化很好，到了高中卻像個白痴一樣，讀不進去了。

她才發現自己的兒子不是那塊料，而且還不想承認。

等到我父親倒下後，我不能賺很多錢回去養他，卻能為了他去醫院工作，學習一些照護的方法，回家照顧父親，她才覺得這兒子好像還可以。

而我自己很早就發現了，自己不適合、也不可能是人上人。

我從大學時就想當一個平凡的人，過著平凡的人生，不需轟轟烈烈，不需發大財。

「征服宇宙」這種事情是給有能力的人去做的，而我只想快快樂樂過完一生就夠了。

父母總是對孩子有無限大的期望，或許是想讓他更順遂，或許是不想讓他吃苦，我覺得出發點都是好的，但是有時候，那個方法真的錯了。

驗屍完後，往生者的母親也趕來了，夫妻倆鼓起勇氣，手牽著手，再次一起去跟那個冰冷、不會回答他們的兒子說：「對不起。」

回到家裡，我看著電視，我媽在旁邊帶我妹的兩個小孩，雖然很忙，但是看得出她開心。

我問：「媽，我小時候，你有沒有想過希望我變成什麼人？」

她白我一眼：「有錢人呀，我可以不工作給你養的那種，辛辛苦苦把你養那麼大，多少要回報吧！」

「那我現在有讓你失望嗎？」

她看了我一眼——一個肥宅在看電視，她嘆口氣說：「有什麼好求的？平安、健康就好。」

我吃了口雞排。世上只有媽媽好。

我媽又再說一句，「當然我希望你不要是個肥宅呀！」

我喝了口珍奶。

果然，父母的要求和標準都還是太高了呀！

那些活著的人、死去的人，

家屬和死者，陰和陽，沒少過的抱怨，和無盡的遺憾，

夾雜著多少別人人生的故事……

就只是我們工作的一部分而已。

你不知道的事

關於小孩，老宅有一套爸爸經，他對自己的小孩很驕傲，不是因為孩子很聰明，不是因為孩子很努力，而是因為孩子很平凡。

小孩的成績沒很好，朋友沒很多，常常休假在家做模型，老宅也沒有逼他，不會叫他補習，也不會告訴他要有多好的成績，只是要他在為人處事上多學習。

「不能說學歷在社會上沒用，但是在所有人的學歷都差不多的情況下，眼色好才比較有用。」老宅說。

這點我也滿贊同，我從以前到現在，眼色都還不錯，至少表面上可以做得面面俱到。

我問：「老宅，關於你兒子，你知道他的一切嗎？」
老宅笑笑說：「我兒子最老實了，人雖然笨，但是不會做壞事。我也知道他是什麼鳥，所以沒有逼他要用功、要上進。我的兒子，我最了解了。」

聊到一半，來了一位男士說要等待驗屍，這很稀鬆平常，我就問他：「請問往生者是哪位？您是他的？」
那個先生說：「往生者是××，我是他的體育老師。」
這就奇了，老師當關係人的不常見，但是我想想有可能是發現人之類的，就請他先去家屬休息室休息。我們的冰庫裡面有個家屬休息室，主要是讓前來驗屍的家屬有個可以休息的地方，當然，房東和發現者也會在這邊休息。
不久，來了一個自稱班導的，接著來了輔導主任、數學老師……
我心想：這傢伙是什麼來頭？學校認識他的老師幾乎都來了。究竟是怎麼樣的學生呢？
這時，老司機出現了，他們先來把往生者移出來退冰。我問：「這個是怎麼回事？」
老司機說：「等等打開，你就知道了。」

屍袋一開，四肢不規則地攤著，一個年輕男孩躺在那裡，似乎是臉著地或掉落時，臉有碰撞到，整顆頭幾乎全爛。背後有刺青，手上看得出有滿多割腕的痕跡，也有一個一個小孔。

老司機在旁補充，「好慘，從十五樓跳下來。學校老師都來了，好像是重考生，不過之前的高中老師來看，也是很神奇。」

我聽了心裡想著，應該是好學生吧。果然，一群老師在說：

「怎麼可能？在高中的時候不是這樣的呀！」

「陳老師的小孩一直都很乖，不可能這樣呀，聽說昨天住處還有……」

七嘴八舌之下，他們口中的「陳老師」來了。

陳老師看起來很憔悴，一臉哀傷，感覺這件事情對她的打擊很大。她默默地靠在牆壁上，似乎在想，為什麼老天爺要把一個單親媽媽的孩子這樣帶走。

老司機在旁邊搖搖頭，偷偷在我耳邊說：「現在好多了。昨天那一個激動喔……看到孩子在血泊之中，衝過去想要抱他，還好我們攔得快。但是帶她去打開白布的時候，她還是暈倒。起來之後，帶她去小孩的住處，看到桌上的K菸、吸食器，連針孔都有，她好像崩潰了，一直說不可能、不可能。也不知道她是說不可能是她孩子，還是她孩子不可能做這些事情。」

唉……真不知道該說什麼。

里長也很感慨，「我昨天說要幫她找葬儀社，她堅決不要，到現在她還不相信那是她兒子。這個老師呀，老公很早就死了，留下不少東西。兒子的成績好像不錯，聽說是高中考大學的時候狀況不好，所以要重考，住在其中一間她老公留下來的房子，誰知道就這樣跳下來了，唉！」

聽到這邊，大概知道怎麼回事了。

驗屍的時候，媽媽進去，仔仔細細看著孩子，突然大叫：「錯了錯了，這不是我家的小孩，我家小孩沒有刺青呀！哈哈哈！這不是我的小孩呀！」

那個尖叫，那個笑，彷彿是一個人用盡全力喊出來滿懷著希望的叫聲。

她開開心心地跑出來，跟剛剛靠近牆壁的她似乎是兩個平行世界的人。

鑑識小組要她回去，看看往生者手上的錶、身上的衣服、腳上的鞋子和背上的胎記，是不是她兒子的，但陳老師只是抓狂地說：「不可能，我兒子身上沒有刺青，一開始就錯了，他不是我兒子，我幹麼要看？讓我回家！我要繼續找我兒子！我一定要投訴你們，亂七八糟，看到有證件就說是我兒子，我兒子沒刺青我知道的，他才沒有吸毒，他才沒認識壞朋友⋯⋯」

說到這邊，每個「我不相信我兒子交到壞朋友」的壞朋友來了。

壞朋友長得真的是壞朋友的樣子。一開始問說警察幹麼叫他們來，他們什麼都不知道。

警察說：「昨天就看了監視器，你們從他家門口走出來，怎麼會不知道？」

壞朋友的其中一個不知道是頭壞掉、忘了吃藥，還是昨天吃的藥還沒退，直接對警察說：「啊就他吃多了自己要跳，怪我們？」

旁邊的陳老師一聽，本來要衝過去一個拳頭給他，被警察攔了下來。

陳老師又說：「胡說！那個不是我兒子，我兒子他沒有刺青！」

旁邊同校的體育老師說：「陳老師，他手上的刺青很早就有了，體育課的時候他穿吊嘎都看得到。」

陳老師一呆，「胡說，我怎麼不知道？你胡說。」

體育老師尷尬地說：「我以為你知道。」

陳老師沉默了，呆站在旁邊。

後來檢察官問亡者什麼時候開始用毒，壞朋友們都說：「高二就開始了。」

陳老師沒力地不斷重複著，「胡說，你們胡說……」

旁邊的班導也跟著說：「對呀，他高二後就有點怪怪的。」

陳老師又接著說：「為什麼你們都沒告訴我？」

班導也是很尷尬：「我想你是老師，又是家長，我以為你知道。」

陳老師似乎放棄了，只是呆呆地往冰庫看。

「原來她的小孩，她自己都不知道呀。」似乎是有人說出這樣的話，或者似乎是大家心中的聲音。總之，此時此刻，我們都這麼想。

驗屍結束後，陳老師進去再看一次兒子。

「為什麼，為什麼你都不告訴我？為什麼，為什麼大家都不救你？是他們殺死了你，是他們害了你，為什麼大家都不願意幫你？為什麼呀……」

看著陳老師離開的背影，我不禁在想：在殯儀館工作的好處，說不定就是看看別人發生的事，再來思考一下自己。有時候很多祕密，生前總是沒人知道，死後爆發出來再大吃一驚，讓至親直呼不可能。

我轉頭再問問老宅：「你對你兒子懂多少？」

老宅沉默不語。

報仇

這天，一位外面的葬儀社老闆來殯儀館等解剖。

一般來說，解剖的都沒好事，都是有爭議的案件，而看著這位老闆的樣貌，我覺得應該是鬥毆之類的。

為什麼那麼說呢？老闆以前在道上打滾的，所以他滿喜歡做「兄弟場」，大家偶爾會請這位老大哥幫忙，因為兄弟場不好賺，常常都是自己當年的小弟或小弟認識的，加上兄弟人最喜歡贊助，所以花籃呀、罐頭塔呀，往往都被贊助完了，頂多讓老闆賺個罐子錢算不錯了，實在沒什麼賺頭。

而為什麼我會知道老闆是兄弟人？

有天，我看到他車上有個鋤頭，問他：「為什麼車上要放鋤頭呀？」老闆笑笑說那是他發跡時用的。我想想不錯欸，務農發跡，然後投入殯葬業，也算是佳話一段了。

後來老闆不說話，眼睛看著某個山頭，回想起過去，嘴巴還在喃喃地說：「太笨了，當時太笨了，應該叫他自己挖洞，自己跳進去的。」

很久之後，我才知道老闆沒有務過農，他是開當鋪發跡的。

話說回來，這次來解剖的是什麼角色？我問了老闆，老闆眉頭一皺說：「綁架。」

我聽了笑出來，現在都民國幾年了，綁架這種事情怎麼可能新聞沒報，就算是大家喜歡看積水或爬樹的新聞，也不可能不去跑這種新聞呀。

老闆用手指指家屬，我跟著望了過去，是一對老夫妻帶著一個小女孩，老闆接著說：「那是他全家人了。」

我看了他們，老的老，小的小，心裡想：混到那麼掉漆，應該是小混混。

老闆看著我的臉，好像知道我在想什麼，慢慢地跟我說：

「你看看那個老人家，別看他這樣，當初在外面是喊得出名號的人物，當年做賭、放款，樣樣都可以，可謂砍遍天下無敵手，早早就當大哥了。

「他的兒子也出來混，大概四十歲就被砍死了，他找人幫兒子報仇，把對方打殘了。

「誰知道那唯一的孫子長大後也加入幫派，跟人家去賭博，應該是被設局，輸了一屁股，被逼簽票，後來還不出來。他老人家年輕時賺的沒守住，混了個晚景淒涼，身上大概只剩棺材本，當年的兄弟老的老、死的死，年輕的不當他們老頭一回事，要幫手叫不到人，所以孫子被押走了。

「等等解剖時你就會看到，二十個人拿球棒打一個。老人家面子薄，不想弄太大，只有報警，沒有跟媒體說，也可能是他們不知道怎麼鬧大。總之，今天只有我們來到這裡而已。唉！真的晚景淒涼呀！」

老闆說完拍拍我。「還好我不混了。」

我看看那老頭，雖然駝著背，但身高感覺很高，旁邊的老太婆穿得也很簡單，小女孩大概不到十歲，可能連來這裡幹麼的都不知道。

我嘆了一聲，轉頭去幫老闆把等等要解剖的傢伙抬上了解剖台。

打開屍袋，往生者的體格真的很好，人高馬大，一身結實肌肉，配上帥氣的刺青。整個頭被球棒打爛，眼睛凸了出來，頭骨蓋我看也是打碎了。頭這種狀況，我不是第一次見到，車禍的更誇張。但手腳就很扯了，四個字形容：斷手斷腳。手筋、腳筋都被挑掉，透過那個乾掉的傷口望去，深可見骨。

我將屍袋完全打開，讓他躺在解剖台上，仔細看著他。

這種人，假如我在路上遇到的話，應該會閃一邊去，不敢多看一眼。只是現在他冰冷冷地躺在那邊，眼神不再惡狠，眼球變成灰色了，就只是躺在那邊。

我心裡對逞凶鬥狠之事一直不了解，總覺得會用暴力解決事情的人，其實沒有特別了不起，只是用肢體來告訴別人他不會講道理、告訴別人他有多霸道，然後用各種理由來美化自己：挺兄弟、地下秩序維護者、俠客之類的。

一旦出事情，也是跟我一樣命一條而已，外面哭的還是傷心的家人。再怎麼逞凶鬥狠，死了之後能霸道躺兩具棺材嗎？

唉！兄弟人呀。

執刀法醫來到現場，跟驗屍的法醫還有檢察官交換一下意見，請鑑識人員拍完照後，就開始解剖了。

老人家一直在門口，也不坐著，他們解剖多久，老人就站多久。

剖完後，死因出來了，剩下要找到犯人就是警察的事情了。

正當我們準備要把解剖的往生者送進冰庫的時候，老人家說他們還想再看一下孫子，於是我們就讓他進去看了。

解剖台上是一具冰冷的遺體，一旁是兩個老的、一個小的。

小女孩很害怕，抓著老人說：「阿祖，我們不要看了，爸爸好可怕！」

老人告訴小孩：「怕什麼？那是你爸，你再不看，以後就沒得看了！」

小女孩依舊不敢看，撇過頭。老婆婆只是哭，摸摸孫子的頭，只是她摸到之後更難過吧。

老人家一看老婆婆的樣子，氣得大罵，「哭什麼？你孫ㄟ當兄弟不是一天兩天的事情了，哭什麼！出來混的被砍死就是還債，當初我去打拚的時候就看你哭哭啼啼地哭到現在，只會哭，你還會幹麼？你兒子死的時候，你哭得還不夠嗎？整個家都給你哭衰了！」

老婆婆似乎已經聽習慣老公的話了，擦擦淚，在旁邊顫抖身子。

老公一眼都不眨地看著孫子，好像要告訴我們旁邊的人，他老人家有什麼場面沒見過，他是流氓欸，就算死了孫子，還是很威風。

他緩緩地跟孫子說：「孫ㄟ，你放心，今天誰砍你，我一定會找出來，替你報仇，就像當年你爸那時候一樣，我回去找老兄弟說說，孫ㄟ，你不會白死的。」

這場景和這些話，是一個九十幾歲拿枴杖的老人口中說出來的，曾經意氣風發的他都九十多歲了，還想著用暴力解決問題。唉，這就是兄弟人嗎？

我回想起有一年到大阿姨家拜年，大阿姨叫我不要太快離開，等我表哥回來一起吃飯。我仔細想了想這兩個表哥，也好久好久沒見到了，我直接叫他們「大哥」和「二哥」。

大哥對我來說真的是一個大哥的樣子，又高又壯，小時候看著他都很威風，但是長大後，很久沒看到了。聽阿姨說他做了錯事，要被關八年多。二哥好一些，他努力拚事業，跟家裡有點隔閡，也是很久沒回家了。

兩個人可能想說既然大哥關了那麼久後出來了，不如一起回家吃年夜飯好了。那天，大阿姨一下在廚房、一下坐到餐廳裡、一下又往外看，我跟小表弟手上拿著筷子，看著桌上滿桌的澎湃，口水不禁往內吞。

大阿姨一直叫我們先吃沒關係，兩個哥哥回來餓不死。我和小表弟相看一下笑一笑，繼續一起等兩位哥哥。

後來門開了，我兩個表哥回來了，大阿姨和姨丈的表情真的跟電影演的一樣，既欣喜又激動，沒有過多的話語，只有一句：「回來就好。」

那時候我看著大表哥，一直在想：兄弟人到底是什麼樣的人？

告別式那天，還是只有兩老一小到場，由於人數不足，連禮廳錢都省了。老人家依照習俗不能送年輕人，只有一個小女孩拿著牌位，跟著師父的指示，進行一場她可能不知道是什麼喪禮的儀式。

而老人家報仇了嗎？據說二十個人，警方抓到了十二人，其他的還在追查中。如果真的緝捕到案了，老人家真會有報仇的快感嗎？

看著那無神的雙眼，我沒有答案，只知道那個世界，我不明白。

假如死後還可以有一個時辰告別

接到劇團的邀請，看了一部關於母親節的戲。之前我根本沒看過舞台劇，多虧認識了這個劇團，這是我人生到目前為止看過的第二部舞台劇。

劇情滿有意思的，講岳飛家的婆媳問題，上半場很輕鬆有趣，但是下半場看著看著，我不知為何流下淚來。

●

在劇裡，岳飛的老婆說了一句，「守寡就守寡，有什麼了不起！」

岳飛的媽媽立馬回，「守寡很了不起！」
場面其實是很輕鬆的，但是，我想起我的外婆。
外婆很年輕就守寡了，她一直是我最敬愛的人。年輕守寡很了不起，把一男四女拉拔長大，每天在菜園工作，就是為了小孩子。
等到唯一的兒子成家後，孫子生出來沒多久，兒子死了，媳婦跑了。孫子長大後生病了，變得很異常，沒辦法工作，整天就是待在家裡，不去外面惹事就是一件值得感恩的事情。
某天我跟外婆閒聊，聊到表哥，外婆只說，她常常聽鄰居們說自己的孫子如何如何：如何考上好大學，如何找到好頭路，如何娶到好媳婦……有的驕傲，有的不滿足，有的恨不得時時拿出來炫耀，等大家問起她孫子如何的時候，她卻常常說不出話來。
「多希望你表哥跟正常人一樣，過著正常人的生活。」最後外婆對我說。
外婆九十多歲了，表哥是她多年來對夫家的責任，也是她的信仰，是她的全部。一樣是孫子，我無法說什麼，只是想到這偉大的老人家，我能做的卻只是休假時多回鄉下陪陪她。
「寡婦很了不起，但我也很希望她可以活得幸福。」這是我很想對外婆說的一句話。

戲的最後一段有這麼一句，「人死後可以回家一個時辰。」

我想起前些日子收的一具遺體，只有四個字形容：「慘不忍睹」，身上殘缺不全，手斷了，腦開了，選擇用很殘忍的方式結束自己。這是一個年紀不大的年輕人。

來認屍的是媽媽，哭暈兩次，又爬起來看兩次，遇到人就說：「我小兒子很乖的，他不會做這種事，這應該不是他！」

但殘忍的是，屍袋裡面的確實是她的小兒子。

確認完畢後，媽媽又折回來，說：「我剛剛沒看清楚，請問能不能再給我看一遍？」

「阿姨，你先等一下，我請葬儀社幫你整理一下。」我回她。

「你們不能騙我喔！拜託讓我再看他一次！」

我們點點頭，請他的葬儀社幫忙整理一下。葬儀社只幫他穿上內褲，衣服用套上去的，因為已經殘缺到穿不上去了。

阿姨這次很冷靜，慢慢拉開屍袋看，沒有哭，只是不斷重複在說：

「你怎麼那麼有勇氣？」

「你真的那麼不快樂嗎？」

「你有沒有想想我？」

其實我覺得他很有勇氣，能選擇這樣走的，真的是很不快樂吧！

阿姨這次真的沒有眼淚，摸摸小孩子的頭，說：「再見了，我的寶貝。」就闔上屍袋，走了出去。

隔天就火化了。從往生到火化不到三天，沒有招魂，沒有靈位，沒有告別式。問阿姨為什麼，她說：「既然這世界對他來說那麼不快樂，何不趕快讓他完全離開這世界，或許這是最後我可以給他的。」

一切很倉促。火化之後，似乎沒這個人，也沒這件事，世界不會因為這個人走而替他哀悼一秒鐘，也不會有人因為他而日子起什麼變化。父母的工作一樣要做，日子一樣要過。

然而，真的是這樣嗎？從那個媽媽哀傷的眼中，我得到否定的答案……

至少這世界上，還有一個人會想念你，是個你覺得帶你來這個不快樂的世界，卻又送你離開這個你覺得不快樂的世界的人。

「假如死後還可以有一個時辰告別的話……」

看完戲後，我不斷思考這問題，想起我媽媽成天笑我胖的臉，想起我外婆拿手的菜脯蛋，想起我家小臘腸的肥肚。

假如死後還可以有一個時辰告別的話……

我想跟家人好好團圓吃一頓飯。

小李

今天的任務有點特別，是到一棟頗高級的住宅，新成屋不到三年。

一進社區，有三個保全叫我們從地下室上樓，只見每座電梯口都貼著「故障維修」的字條。

一層樓有大概六戶吧，這層好像只賣出三戶，其中兩戶是投資客買的，所以往生者死了很久也沒人知道，直到警衛有天巡邏時，聞到溢出來的臭氣才發現。

警察在聯絡家屬，順便等我們到場，但是鑑識小組還沒到，所以我們不能動，只能仔細地觀察環境。

房間是木質地板，一體成形，地板連著床頭櫃，給人一種霸氣的感覺，看來裝潢很下工夫。

往生者的手上拿著針筒，桌上有吸食器和一些菸，滿地的屍水滲入地板，散發著惡臭。遺體發黑腫脹，雖然看起來好像還滿乾淨的，但我們知道翻過去，後面一定都是蛆，我們判定大概一個禮拜。

走到客廳，發現還有一對無神的雙眼，看似死不瞑目，手中拿著電話，坐在沙發上，我想可能是在氣絕那一刻要打電話求救，看起來沒明顯外傷，嘴角還有口水沒乾，跟房裡那位應該是一前一後往生的，他還沒有屍臭。

我好奇地看一看那具遺體，突然他轉過頭來對著我們身後的警察說：「完了！承租的聯絡不到，完了！」

喔，原來是房東，坐在沙發上，一臉慘白凄苦死人臉，想嚇死誰！

鑑識組來了，我們也就開始工作，翻翻遺體，找找證件。

聽房東說這間是一群開ＢＭＷ的少年仔租的，沒事就來開趴，個個看起來都很有錢，所以租給他們時也沒想很多，誰知道原來都在這邊幹這種事情。

由於事隔太多天，只能先將他載回去，剩下的等待警方聯絡到關係人再說了。回到殯儀館後，我們把他安頓好，放在比較後排沒人去的冰庫，因為我們大概知道這種的要變成長老了。

然而，事情卻超出我們所料，他阿嬤來了！

當天晚上她就趕過來，好像沒有很難過，早知道有這麼一天似的。打開屍袋，那腫脹的面容，那腐敗的惡臭，阿嬤沒多看，搖搖頭對警察說：「我認不出來，但是應該是我孫ㄟ。」

認不出來的話，只能等待ＤＮＡ採樣才能進行鑑定，但屍袋要蓋下去之前，老阿嬤看到他手臂上的大胎記，嘆口氣，心裡大概也覺得是了。

隔天相驗的時候，阿嬤問我們，她可以跟她孫ㄟ說話嗎？我們告訴她又還沒認出來，可是阿嬤搖搖頭，說：「沒關係，不是我孫ㄟ也可以，我有話跟他說。」

在遺體面前，阿嬤雙掌合十，說：

「孫ㄟ，如果真的是你的話，你跟你那個老爸一樣，他還在關，你卻死在外面了。你比你老爸聰明，你老爸只會吃，你又吃又賣的，可是到頭來，你還是比他慘。

「你看，平常不回家，每天出去找朋友，現在你的朋友呢？孫ㄟ，如果真的是你的話，記得，不要放過那些跟你一起吸的，你還是要每天去找他們玩。

「平常聽你說賺多少賺多少的，你就剩皮包那三千塊，夠辦喪事嗎？還是要我老人家的棺材本先給你用呀！唉，我也看透了啦，命啦！如果你不是我孫ㄟ，就當聽我這老人家囉嗦好了。」

幾個禮拜後，阿嬤正式來殯儀館認她孫子，還帶著一個業者小李哥來處理後事。

●

小李哥很有趣，他專門處理這種吸到掛的。

小李哥曾經關了大概十多年，跟藥和槍有關。其實要不是他告訴過我，我根本看不出來，他工作很認真，為人客客氣氣的，穿著很樸素，很節儉。

他有一個很愛他、願意等他十多年的老婆，還有四個孩子，生活壓力很大。平常當人力抬抬棺、洗遺體或搭會場，可是遇到這種吸毒到掛、家裡無力治喪的，他會跳出來幫忙，雖然品質沒很好，但也幫了喪家不少忙。

晚上，看到他還在忙喪事，我問：「小李哥，你做這個有賺頭嗎？沒有的話，幹麼還要做？」
小李哥笑笑說：「吸毒的人沒有朋友呀！家人又很可憐，常常是整個家本來好好的，出了一個吸毒的，就什麼都沒有了。唉！家人何辜。他們在家是不定時炸彈，死後被討債，朋友能閃多遠就閃多遠。我也是過來人啦，幫個小忙而已，人工又不用錢，還債啦。」
看著小李哥身上的刺青，我笑著對他比個讚，歌功頌德一下。小李哥心情爽，反問我：「我蹲過的事情你知道，但是我為什麼做這個，你曉得嗎？」
我搖搖頭。
小李哥繼續說：「我那時候去賣藥，然後被關了，加上有傢伙跟一些案子，判滿久的。我在裡面的時候，還想說出來可以幹票大的，但是每次見爸媽和我老婆帶兩個小孩去看我，我總是很難過，一直在想：『這樣真的值得嗎？』」
說到這裡，我忍不住插嘴問：「小李哥，你不是有四個孩子嗎？怎麼變成兩個了？他們都幾歲呀？」
小李哥算了算：「最大的十六，老二十四，老三八歲，老四六歲。」
我的算術不太好，所以不忍心算，只見小李哥頭上綠油油的扁帽歪了，提醒他一下。他把頭上的帽子喬正之後，繼續說：「後來發生一件事情，讓我想做殯葬。我家兩兄弟都在吃藥，我進去蹲的那幾年，有一天，我爸跑來找我，哭得很慘，說我哥夫妻託夢說他們死了。」

我很驚訝地問：「被託夢？那你爸有去找他們嗎？」

「有啊！我爸說那夢境太真實了，他夢到我哥跟我嫂子七孔流血地去找他，不說話，只是叩頭，說著：『救救孩子！救救孩子！』在夢裡，他們夫妻說是死人，卻比活著的時候還像活人，因為吃藥的關係，我爸好幾年沒看到我哥那種正常的眼神了。

「他一醒來就立刻衝去我哥的租屋處，一打開門不得了，夫妻倆死在裡面，兩個小孩就在旁邊，那時候一個四歲、一個兩歲，不知道在裡面哭了幾天，臉都黑了。

「那時候我們家裡也不好，媽媽生病，家裡靠老爸開計程車，沒什麼錢。我老婆做清潔工，帶兩個小孩已經很辛苦了，也沒多的錢辦喪事。我試著找人聯絡外面的兄弟，沒人要幫，那些我帶出來現在風風光光的小弟，前前後後喊我哥哥的，居然都不見了，可能我自以為混很大吧，哈哈！結果到頭來還是沒人理的小混混，所以我很恨。

「最後，家裡把喪事草草辦了，我對老婆說：『以後這兩個小孩，我們一定要把他們當自己的孩子養。』所以我對外都說有四個小孩。出來之後，只要聽到吸到最後搞得家裡無力治喪的，我都會去幫忙！」

聽到這裡，我覺得自己滿蠢的，小李哥頭上的扁帽不是綠光，是聖光啊！瞬間，我真的覺得在這世界上，這種知錯能改的才是聖人，這種不計較付出而回饋社會的人才值得尊敬。

隔天的告別式雖然簡單，但不失莊重，小李哥又幫助了一個人。看著阿嬤一直握著小李哥的手，對他說謝謝，我不禁跟著感動。

那是某個夜班，我和大胖巡邏的時候，看到小李哥從廁所走出來，身上散發著奇怪的味道。他一見到我們，眼神迷茫地走了。

而那一刻，我難過地笑了。

我們繼續巡邏，我問大胖：「你覺得吃藥的人真的戒得掉嗎？」

大胖喝著麥香，說：「假如跟麥香一樣好喝的話，應該戒不掉。」

是不是有些東西，碰過了就再也回不去了呢？

誰才是一家人？

常常在想：家庭是什麼樣的東西？是法律規定你們是一家人，或是情感的認定呢？是否一家人之間會出現一條金黃色的血脈，告訴我們「我們是一家人」？

在這邊工作後，我對所謂的「家庭」越來越疑惑。

某天，我們接到一個民眾打電話來說他家需要接體服務，所以我們就過去了。

一到現場，一個老媽媽在旁邊哭，旁邊的男子自稱是往生者的哥哥，另一個說是妹妹。哥哥守在弟弟旁邊，妹妹安慰著媽媽，媽媽不斷地在哭泣。

等到我們打包好後，跟他們要往生者和申請人的證件，一看傻眼了。從我們進門到打包好，從來沒有懷疑他們是母子和手足關係，但是身分證告訴我們，他們沒有關係。

我問媽媽：「那個……奶奶呀，往生者身分證的母親欄是兩條斜線耶，那個父親欄也不是你先生呀。那你們的關係是？」

我一開始以為是跟前夫生的，但是母不詳的身分證不常見，所以多問了一句。

母親一邊哭、一邊說：「以前家裡窮，小孩生下來後送給人家養，那個人沒結婚，所以母親欄就兩條槓。孩子長大後，送養的那個人往生了，小孩回來跟我住，住到現在生病走了。他真的是我兒子，那些是他的親兄妹呀！」

我愣了一下，看看老大，老大也搖搖頭，問：「你們一家子那麼大，沒有一個人跟他有法律上的關係嗎？」

他們仔細想想，還真沒有。

正當我們想打電話去問這樣做親子鑑定報告不知道可不可以時，往生者的哥哥說：「他還有一個兒子，但是不知道會不會處理。」

聽他這麼說，我們才放心，因為要到我們這邊，需要法定家屬當申請人，火化許可證才辦得出來。要是沒人可以當申請人的話，可能會冰存太久。

於是，我們請哥哥打給亡者的兒子。

兒子接起電話，知道父親往生了，回說：

「我預約了做汽車保養，明天再過去辦。」

我們聽到這些話，不禁想：到底誰才是一家人？

●

某天，有一家服務派的老闆接了個案子，是個老外省。

大半夜的，一位看起來三十多歲的女士來幫他辦入館手續，我們問起兩人是什麼關係，她說是乾女兒，我們心裡頓了一下，對她說：「這樣不行，必須要有關係才行，不然都是進來容易出去難。」

那位女士很心急，告訴我們，老人家已經在醫院冰好幾天了，他老婆和女兒不處理，只有她願意來辦，還再三保證現在先讓老人家冰進去，等到早上一定請他女兒來處理。

夜班的狀況很多，這種情況也不是沒發生過，所以我們請這位女士寫了切結書，先讓老人家進去休息。

隔天，老闆帶了個女子來說要辦昨天沒辦好的文件，所以特地帶她來認那個老人家。那女子一進冰庫就慢慢走，彷彿不敢面對老人家一樣，直到老闆打開冰櫃，給她看她父親的時候，她才有點反應。

「爸，你怎麼了？爸，你說說話呀！爸！」

我和老闆都睜大了眼睛。

老闆睜大眼睛是覺得：不是早就通知你說你爸走了？你這招在醫院演比較有像啦！我睜大眼睛是在想：一般正常人從冰庫被拉出來應該是死了，千萬不要說話呀！

這位小姐顯然是哭不出來，但是想要說點什麼，她看了看往生者的嘴巴旁邊有兩條線，是凹陷下去的，於是對老闆說：

「你看我爸，為什麼嘴巴旁邊有兩條線凹進去？是不是你們搬運時傷到他了？還是醫院弄的？啊，一定是那家養護中心，是那個女人把我爸送去的。我等等問問那個女人為什麼把我爸弄成這樣。我告訴你，我不會善罷甘休的！她憑什麼這樣弄我爸？她憑什麼來辦手續？她憑什麼把我爸從醫院接出來？我要告死你們！」

我看著老闆，想說老闆是服務派的，等等應該會道歉，想不到他胸部一挺，大聲罵出來。

「虧你還是他女兒！你知道他呼吸器戴了多久嗎？戴到臉都陷進去了你知道嗎？昨天聽他的乾女兒說，我就想罵你了！你他媽去養護中心看過他嗎？你連是哪家都不知道吧！告訴你，人家每個月都在付老人家醫院的錢，就是因為當年她家不好過，老人家幫她很多，等到你們不照顧，她才來照顧他報恩的。

「你自己的老爸底多少，你們最清楚，你爸有多的錢給她花嗎？她還跟我說，她遺產一毛都不要領，只希望訃聞上面印她是親女兒，不是乾女兒。

「你要告沒關係，再看看你老爸，把這些年你沒看到的都看一遍好了。看他的腳，五年前他摔傷，你看過嗎？看他的手，都變形了，你看過嗎？告？告你媽的啦告！」

我也配合演出，想說小姐你要看，我就整個拉出來給你看，不要只看臉那麼小兒科。小姐聽了，只是張大嘴，沒說什麼就走了出去。

她離開之後，我給老闆一個大拇指，他終於有一次不貪財了，但我還是忍不住問他：「這個是你的客戶欸，這樣罵，要是沒有加點什麼東西，不就虧大了？說不定喪葬費你可以多賺一點。」

老闆豪氣地說：「沒關係，他的乾女兒結帳了，一次付清不分期，那邊賺夠了。這個看起來就是不會出，就算出了也會砍很多，倒不如我罵一下比較爽快。」

我笑了笑，沒錯，還是要有賺到才能罵，如果沒收到錢，這傢伙肯定不會罵人。

等到他們都走了，看看老人家，我又在想：到底誰才是一家人？

隨著這份工作做得越來越久，
看到的事情越來越多，
也越覺得我這輩子是來學習
如何做個容易滿足的人。

名分

有天，葬儀社老闆帶著一位老人家的身分證影本來，一來就放在我們辦公室的桌上。

我們一看有身分證，就問：「等等要進來的嗎？」

老闆趕緊說：「不是啦，這個還沒有，不過他老婆快不行了。」

我一看那張身分證，哪有什麼老婆，配偶欄明明就是空的，會不會是個跟我一樣常常幻想有老婆的老中二，而他的充氣娃娃的氣快漏光了呢？想著想著，突然有種感同身受的感覺，看著那張身分證也覺得親切、順眼很多。

老闆一看我那張臉就知道我想歪，說：「人家跟一個離婚的在一起很久了啦，只是覺得雙方都年紀大了，也不談娶嫁，時間一晃就是二十年過去了。現在女的不行了，男的想要問，喪事的部分是不是可以代為處理呢？」

我們先問：「同居嗎？」

老闆搖搖頭說：「各有各的戶籍。」

接著我們問：「那要不要立個遺囑之類的？」

老闆搖搖頭說：「只怕是沒錢去找人處理。」

我們嘆口氣說：「那只能請社會局代為處理了。」

老闆苦笑說：「老人家是想，在一起那麼久了，總該辦一下喪事吧。」

旁邊的掃地阿姨突然開口問：「那……結婚呢？」

我們幾個人皺著眉想一想：一個八十多，一個聽說也快要送來了，這個結婚嘛……

老闆苦笑一下，「我回去問問。」

約莫一週後，老闆帶著一個老人家來辦進館手續，老人家把身分證拿出來，很是面熟，翻過去一看，配偶欄有個名字，而老人家堅定地說：「我要幫我老婆進館。」

看著這老人家，想想他看起來環境也不是很好，喪事給社會局辦真的可以省不少錢，「名分」這東西真的那麼重要嗎？

某天，一個印尼籍的小姐把媽媽送進來，但我們怎麼看台灣的資料，就是看不出那是母女關係。

那個小姐說，當年是她阿姨先嫁到台灣來，為了讓她依親方便，他們用了一些手段，變成她在台灣身分證的媽媽是阿姨的名字，而真正的生母，她卻要叫阿姨。

等到她在台灣發展穩定後，接了生母來台灣住，沒想到不到幾個月，母親就跌倒往生了。

聽了這個故事，雖然很難過，但是阿姨就是阿姨，而我們對外籍人士設施減免，需要有直系血親依親才可以。我們把這個狀況告訴她，她一聽連忙揮手，問：

「設施費用不是問題，我想問的是，我可以用她女兒的身分幫她處理嗎？」

我們想了想，勸她回印尼問問，找出當初的資料去改改看，但是曠日廢時，到時候那些殯葬費用是很嚇人的。

她想了想，看得出來很難過。

最後，除了登記的名分是阿姨與外甥女的關係，其他都是以「母女」身分在辦的，但是出殯時，她還是在棺木面前大哭，訴說著自己的不孝，沒能以一個正確的名分去處理母親的後事。

有時候想想，只要心裡當她是母親，對她如同母親一般地孝順，是不是用這個名分真的有那麼重要嗎？

●

另一天，送來了一個男人，外面有位小姐哭得很難過，其實這也是見怪不怪了，對於喪偶，我們倒覺得不哭的比較稀奇。

但奇怪的是這個男人也只有那麼一個家屬來，而關係證明要後補。

就當我們要將他冰入冰庫的時候，那小姐問：「能不能讓我說最後一些話？」我們點點頭。

她彎下身子，摸摸那先生的頭說：「老公，這是我第一次叫你老公，也是最後一次了，你在那邊要好好保重。感謝你照顧我那麼多年。你跟你哥哥，是我在這世界上遇到最完美的兩個男人，我愛你，你一路要好走……」

她在冰庫裡面聲嘶力竭地哭，但是出了冰庫，卻是很堅強。

這時候，關係證明來了。

這件事情過很久了，但是有時候我還是會想起那時候那張戶口名簿，那戶只有兩人，關係為叔嫂。

有時候想想，「名分」這東西，在此時此刻似乎不是那麼重要了。

尼姑

下班後，我騎車去趕一場快要遲到的牌局，我們的規則是遲到的人第一把自摸只能拍拍手，不能收錢。

這天，我原本千方百計想推掉牌局，因為我遇到了一個尼姑……

●

早上的日子不太好，所以殯儀館內冷冷清清的，沒有什麼人來走動。但是到了可以探視遺體的時間，來了一組很奇特的人：一個尼姑，後面跟著兩個雙手合十的老人家。

其實這也不能說非常奇特，有滿多人是會帶著師父來念個經之類的，所以我也沒有多留心，但是一進去裡面後，才發現這組有點不一樣。

當我把遺體拉出來的時候，兩個老人家跪了下去，這點倒是有點反常。往生的是他們的女兒，他們為什麼要跪呢？

後來一想：啊，他們要跪師父來著！

我的猜想果然沒錯，他們真的是在跪師父。師父對往生者念經，一開始就像一般師父一樣念個幾句，等到結尾的時候，卻突然聽到她說：「姊，你現在解脫了。你聰明一世，卻在感情上蠢了，往後跟著我上山，我帶你去聽佛經，跟著佛祖去修行……」之後又是一段經文。

我聽到有點傻了，原來這尼姑是往生者的姊妹，跪在下面的是尼姑和往生者的父母。這不太對呀，哪有父母跪子女的道理呢？

他們要離開時，原本父親走在前面，母親還拉他一下，說了句：「讓師父先走。」尼姑聽了也點點頭，然後往前走去。

這一幕我看了真的很震驚。

等到他們探視離開後，我忍不住去向他們家的葬儀社打聽一下。

那位尼姑還真的是那對老人家的親生女兒，而且在滿大的廟修行。

這讓我想起有一次看到一個老和尚，親生兒子往生時，他不知從何知道消息跑來看，也是看起來不帶感情、很莊嚴的樣子，但是在遺體前面念經念著，突然間流下了淚，後來變成嚎啕大哭，跟他一身袈裟的形象真的是對不起來。不過，在我眼中，那才是正常的。

有時候，我覺得出家人很厲害，能夠擺脫所謂的紅塵、拋下一切去修行。對於外婆和母親大於天地的我，真的無法想像。

最近我們要處理的長老之中，有一位女性。她的身世很可憐，她是個孤兒，嫁到夫家，後來膝下無子，丈夫離婚後跑去出家了。她也有年紀了，所以工作不好找，後來變成遊民……再來就沒後來了，躺在我們這裡了。

她夫家那邊的人，有一個要叫她姑姑的願意幫她處理後事，但是因為法定上沒有關係，還是得靠社會局幫助。當時有請她出家的丈夫看能不能協助一下，但是卻無消息，到最後夫家那邊也放棄了，變成有名無主屍，參加我們的聯合公祭。

出家，出家，我真的很不了解那到底是怎麼樣的一種心境，或許是我歷練不夠，也或許是年紀未到。

常常看著那些廟裡的師父，我都在想：當真可以心裡沒有家人嗎？

下班前，我到外面透透氣，發現誦經室那邊，那位尼姑在念經，兩位老人家跪在地上……嗯，他們跪的是佛祖。

●

下班後，我終究沒有準時到達牌局，但是朋友沒有讓我第一把自摸不算錢，只有拍拍手而已，或許是他們感覺今天的我有很大的體悟，或許是他們體諒我下班後飆車來參加這場牌局，又或許是今天見過尼姑的我打了三將，一把自摸都沒有，所以自然連拍手都省了。

從以前到現在，我都無法理解宗教，但是忌諱的部分，經過今天之後，我銘記在心，因為我的皮包裡，藏著比月底還要月底的故事……

溫度

這天，我在冰庫前看著兩個老司機送人進館，他們卻滿臉詭異地看著我，我心想：奇怪，送進來就送進來，是在看什麼？

我看了一下身後的家屬，不像是什麼明星或大咖，也不像是會自己一直跟旁邊來自靈界的朋友溝通的怪人，只是一個單純的小姐而已，為什麼兩個老司機一臉詭異呢？

趁著家屬寫資料時，我偷偷問他們：「你們怎麼這張臉呀？是接錯人，還是撿到錢？感覺起來那麼詭異。」

老司機之一看看我，說：「小胖，你說得太準了，我們還真的接錯人又撿到錢。」

這下換我滿臉詭異了，「啊？」

他說：「最近我們去接一個老人家，這家人應該滿有錢的，老人家不希望自己死的時候穿醫院的衣服，也不希望死的時候任人擺布，所以堅持要預約，他在醫院快掛時就穿好壽衣，而我們等在一旁，等到他斷氣後，把他接走。所以每當醫生判斷可能『差不多』時，家屬們都會聚集在病床邊，等他宣布遺言。但是我們去接了三次，三次都沒成功。」

我滿臉問號地看著他。

老司機接著說：「每次他宣布遺言，總是說要給哪個兒子哪裡的房子、要給哪個女兒現金多少……講著講著，可能因為遺產太多，可能是回想起自己一生如此精采傳奇，慢慢地，又迴光返照了，簡單來說，閻王還不收。所以那個壽衣穿了又脫，我們去了又回，家屬們一下喜一下悲，但為何而喜、為何而悲，也不好說。反正就這樣來回幾次，這次，我們終於接到了，不過我們是接他隔壁床的。」

我眼睛瞪得更大。

他繼續說：「這家子有錢但是不太花，住雙人房，旁邊也是一個老人家。隔壁床那位老人家也聽這遺言聽了不少次，可能是聽著覺得平平都活了八十多歲，怎麼差這麼多，也可能是聽得太入迷，忘了呼吸……總之，當呼吸器的嗶嗶聲響起，每個家屬都傷痛欲絕，老人家頭一歪，我們準備上前接的時候，老人家的頭又轉回來了！他罵了一聲：『靠北喔！林北還沒死！』原來往生的是隔壁的老人，家屬手足無措，我們就上前接洽了。你說，這是不是接錯人又撿到錢？」

我聽了用力點點頭，還真有道理。

回頭一看，那個小姐寫完資料，往生者準備要進冰庫了，我幫他別手環，剛往生不久，老人家的手還溫溫的。

她握著父親的手、摸著父親的頭、看著父親的眼睛，問我們：「我爸爸還熱熱的，他會不會等等就起來？」

老司機看了看死證，我苦笑了一下，她也覺得自己失態，摸摸爸爸的額頭，就回頭走了。於是我們將他冰存入冰庫。

過了大概兩小時，來了一群人說要看往生者，我們問了名字，原來是剛剛那個老人的兒孫們，於是我們就打開冰庫讓他們看一下老人家。

冰庫一開，屍袋一拉，真的不誇張，「唰」一下，所有人都跪了下去。

前頭的應該是長子，悲傷得連話都說不清楚，立刻給自己兩巴掌，埋怨自己為什麼在老人家走的那一刻不在身旁，等到他來的時候已經是冰冷的屍體。

「為什麼不等我最後一面……」

我看著這場景，出神了。

我父親過世的那天中午，我還去加護病房看過他。晚上我跟朋友看電影時，我媽打了一通電話來，我心想看電影不接電話就沒接，誰知道第二通電話馬上又來，我立刻知道出事了，立馬衝出電影院，回電給我媽。接下來，立刻往加護病房狂奔過去。

狂奔的路上，我的心情很奇怪，不知該悲傷，還是該替他、替我們感到放鬆，說不定內心最深處還有一點開心，終於，我們都解脫了。

進加護病房前，還是一樣，在那個大大的病房門開啟前，在外面換上醫院準備的衣服，戴上口罩和手套。

當那扇大門打開，我走到那個每天中午和晚上的開放時間，我都會到的位置，看著我爸爸。

他走了。

我媽媽在旁邊哭，不知道該怎麼辦。

我往前一步，看著那張削瘦的臉。其實早在幾年前，我就沒辦法把在床上的他跟健康的他想成同一個人。那乾扁的嘴唇，是我每天都要拿棉花棒沾水替他清潔，才會顯得紅潤。那萎縮的手腳，是我每天都要替他按摩，才會顯得那是可以活動的器官。我拿起旁邊的衛生紙，替他擦拭他臉上離開前痛苦流的汗，或是眼淚，又或是我的眼淚。

我告訴他，「結束了。感謝你在我人生那將近三十年的日子。對你，對我，都結束了。」

有時候想起他，覺得很可悲，常常我做夢醒來，一身冷汗，滿臉驚恐，是因為我夢到他還活著，我們家必須過著長照的生活，那個沒有自由的生活。

常常我做夢起來，一身冷汗，滿臉驚恐，是因為我夢到他病好了，不在床上了，我們家必須過著不知道何時他又在外面欠一屁股債、回來跟我們要錢的生活。

然後，我窩在被窩裡抱著我的狗女兒，邊哭邊睡。牠輕輕舔了我的臉，好像叫我不要哭，牠在我旁邊。有時候我覺得這隻我養的狗女兒，比我在床上的爸爸還親。

我打了電話請葬儀社處理，然後一個一個打給叔叔、伯伯、姑姑，告訴他們，我爸爸走了。

葬儀社的人來了，接走了爸爸。

在進冰庫前，我媽一樣哭得很慘，我和我妹妹們不知道有沒有眼淚。

摸摸他的手，還熱的。

我沒有像此時眼前的大哥打自己巴掌說沒見到他最後一面，我妹也不像是他們家那個小姐摸摸爸爸的手，問他會不會起來，只是在心裡默念一聲：「好好走。」

就是一群不肖子女。

看著父親進冰庫，然後走出冰庫，看看天上的月光。

一樣是月光，怎麼顯得特別溫暖。

●

回過神來，看著這組家屬已經發洩完了，向我點點頭，準備離開冰庫。

我等他們都出去之後，把老人家的屍袋拉起來，看著老人家，心想著：真的，真的好羨慕你們家的父慈子孝。

棉被

這天，我們接到了電話，告訴我們要去急診室接人。

老實說，我們很不愛去急診室，那邊的護理師都忙得劈里啪啦的，每個人都像我們欠她們多少一樣凶巴巴的，而且假如還有正在急救或是好不容易大難不死的傷者，看到我們穿著一身黑，戴著口罩、手套，兩個人一台推車，車上還放著屍袋，不管我們再如何親切地對著路人點頭，人家看到我們就是帶賽的！

記得某次，我們去一家很忙的醫院，急診室一陣兵荒馬亂，當我們人到的時候，值班的護理師看著我們點點頭，帶我們到某張病床旁，就離開去拿東西了。同事和我看著眼前的兩張病床，老實說，還真不知道哪個才是今天要帶走的，於是我們先鋪好屍袋，等著護理師回來，這樣比較節省時間。

說時遲那時快，兩張病床中，其中一位在睡午覺的伯伯起床了，看到我們身上穿著「××殯儀館」的背心，屍袋都鋪好在地上，其中一個胖子還衝著他微笑……霎時間，伯伯的臉色從剛睡醒的迷惘，漸漸變成驚恐，那個眼神到現在我都還忘不了。

話說回來，當我們到醫院時，病床上躺的是一個遊民伯伯。

我一看到他，就忍不住問護理師，「這個老伯伯之前有臥床嗎？」

護理師回答，「沒有喔，早上才送過來的。」

為什麼我會這麼問呢？因為我對這個伯伯的身體狀況感到驚奇，他完完全全是皮包骨，整個胸口都凹陷下去。我對他直到這天躺在這裡之前，到底是如何生活，感到充滿疑惑，同時也為他解脫了而開心。

正當我們將遊民伯伯放入屍袋要走的時候，護理師說：「順便把他的遺物帶走吧。」她從病床上拿起一件破棉被，「這床棉被是跟伯伯一起進來的，就讓他帶走吧，至少讓他最後一里路不要太冷，有點溫暖。」

幫伯伯帶上棉被後，我們推著車出去，看著這棉被，我想到在超商打工時的一件事情。

那年，我在超商當機動班，有時候上大夜，有時候上中班。

我們店旁邊有個卸貨專用的騎樓，深夜裡都會有流浪漢在那邊睡覺，老闆都說看到他們睡覺要趕走，因為不美觀，而且會影響一些客人上門。但年輕時的我比較熱心，上大夜班時遇到他們，總會叫他們移去沒有監視器的地方睡。

某天我上中班，在店門外等著丟垃圾，垃圾車快來時，因為有客人上門，所以我先回店裡結帳，好心的清潔隊大哥就幫我把放在騎樓的垃圾丟了。

我快下班時，有一個遊民很著急地跑進店裡，問：「弟弟，你有沒有看到我的家當呀？」

我搖了搖頭。他著急地繼續說：「就是放在騎樓的兩個垃圾袋呀！裡面有我的棉被跟衣服！」

我心想：死了，被清潔隊大哥也當成垃圾丟掉了。

年輕的我，一來怕賠錢，二來不敢告訴他那麼殘忍的事實，我還是搖搖頭。他急得哭出來，跑去兩旁的店家問，而從那天開始，我再也沒有看到他。

那個時候，我才知道有些東西我以為是垃圾，對其他人來說卻是他的一切，而有些我覺得重要的，在他人眼裡也許只是垃圾。

看著這床號稱遺物的薄棉被，如果放在我家，不出一天就會被我媽丟了，而在這個流浪漢伯伯的眼裡，這是他的一切，是他所有的財產。

接完遊民伯伯的一週之後，來了一位榮民伯伯，是老司機去他家接他回來的。獨居榮民，沒有家屬，一樣是棉被包起來就進來了，只是進來的時候，我們覺得他的棉被怪怪的，裡面似乎有什麼東西，於是我們把棉被拆開來……

裡面有現金、金飾、存摺和印章！原來他把所有財產都藏在棉被裡面，每天抱著它們睡覺。

我和老司機流了一地口水，但我們知道這些機會永遠不屬於我們，是屬於退輔會的。

在清醒之後，老司機問我：「哥，不覺得他跟上次那個一條棉被的遊民很像嗎？」

我說：「哪裡像？身家差那麼多。」

老司機說：「都帶不走呀。那個只剩一條棉被的說不定比較爽，花得一乾二淨才走。這樣才是爽快的人生呀！」

老司機走後，我抽口菸，思考這問題：人死後，能帶走的是什麼？而帶不走的，又變成什麼？

這天下午很清閒

這天下午很清閒，原本是一個等下班的節奏，誰知道四點多時，電話突然響起。

「小胖，有狀況，××平交道。」

喔……

臥軌不是說不常見，但久久才有一次，畢竟那麼可怕的死法，不是每個人都敢去做的。不過，我心中一直有個疑惑，看看手上的手錶，想著：為什麼都選擇在大家的下班時間呢？

但我還是跟老大前往現場，畢竟這關係到所有通勤的人，一刻都不能耽誤的。

現場這個平交道，我很熟悉，這是一個很小的平交道，在某個小社區的正前方。據我知道的，這是這個平交道第三次的意外了。

第一次約莫在十多年前，還記得是我十七歲的夏天，那天，我急急忙忙地趕通勤上課，到了平交道這邊才發現有警察管制，不讓我們通過。

那時心裡的幹聲滔滔不絕，一想到那個機車教官叫我登記遲到簿的臉，整個就很想衝過去，但是看到現場有第一志願學校的書包，以及散落一地跟自己一模一樣的課本，不禁慶幸自己沒什麼榮譽心，也不會讀書，更考不上什麼第一志願。所以我只在乎上課會不會遲到，而不是如何得到好成績、如何考到好大學的那種學生。

隔天，我們學校果真就傳開某第一志願的優等生因為壓力太大，跑出去給火車撞。

第二次是我已經出社會了，某天經過這個平交道要買便當的時候，發現又被管制了。可能是那個時候家裡情況不太好，加上自己也不太順遂，所以在那邊停留了一段時間，看著地上蓋著白布的遺體。

靜止的火車、忙碌的警察、無聊的路人以及沒有呼吸的屍體，詭異又符合常理的畫面，就這樣發生在這個平交道上。

那時的我，滿羨慕倒在地上的人有這種勇氣離開世界，不管生前有多少煩惱，現在倒在那裡笑看這個世界，映襯著忙碌的警察、一直回報的列車長、火車上頭的乘客、急著要通過平交道回家的路人，彷彿回應著一句話：「少了你，這世界還是一樣在轉動。」

現在看你們怎麼轉呀！

如今，我成為在旁邊戴著手套和口罩、拿屍袋的人。

看著現場熟悉的封鎖線，急急忙忙的交通隊警察，驚魂未定的台鐵員工，在停駛列車上探頭探腦的乘客，旁邊一些想通過平交道而不斷被警察建議改道的人群，住在社區裡硬要出來看熱鬧的閒人……一時間，我還難以適應自己的角色。

遠遠地看到國中導師，他跟我對上眼，我很熱情地向他打招呼，但他一看到穿著殯葬所的衣服，戴手套、拿著屍袋的我，立馬轉頭。

我擦擦淚，媽的，我熊熊忘了，我上班的時候，大家都不喜歡看到我呀。

我們越過封鎖線，看著現場的情形。

其實以被火車撞來說已經很不慘了，白布裡面一個扭曲的身體，四肢沒有什麼傷痕，但是脖子呈現一個漩渦狀，好像少了什麼。警察指著大概快二十公尺外的一個黑色物品，說：「頭在那裡……」居然沒有像電影畫面一樣滿地血水，反而只有一小攤血，這倒是讓我和老大嘖嘖稱奇的地方。

鐵路警察的壓力很大，一直問我們多久可以撿好，他們需要快速地通車，但我們只能說盡快。

撿到一半時，旁邊突然出現一台接體車，原來是附近的葬儀社過來看有沒有case好撿，我們對他笑笑，他一看到我們也知道沒搞頭，只能離開。

當我們把大部分的遺體放進屍袋，要開始處理一些小碎塊的時候，台鐵已經等不及地通車了，我們在旁邊慢慢地撿，一邊還要注意火車。

也許是我撿得太認真了，沒注意火車剛好經過，旁邊的鐵路警察也沒看到，我突然聽見老大在大喊我的名字，「小胖！火車來了，快閃呀！」

我想我這輩子可能沒有那麼靈活過，簡直是洪金寶上身呀，連滾帶爬地閃過了！心裡想：好險，不然就還要叫一台車來了。

死裡逃生看到的第一個景象不是趕來看我怎麼樣的老大，而是剛剛經過的接體車繞了回來，他一臉就是「還有沒有需要幫忙？這邊車上還有一個空位」的表情。看到他那張臉，我不禁流淚了，這行的友情贊助真的令人不敢恭維呀！

回殯儀館的路上，我看著手機的即時新聞，問老大：「老大，新聞是不是報錯了呀？說是誤闖欸，誤闖會只斷兩節嗎？而且監視器明明就照到是他自己衝出去的。」

老大想了想，說：「其實鐵路意外，沒有特別留下遺書的都會用誤闖判定，因為這樣也算是不讓遺留下來的家屬有太大壓力。你想想，假如一開始就說自殺，那家屬們要怎麼面對被影響到時間的民眾，要如何面對台鐵的求償。唉！人都死了，有時候死因就不要太過於追究了。你信不信明天驗屍出來，應該也是意外，而不是自殺。」

我抽了支菸。自殺就自殺，該賠就賠。難道搭車的活該倒楣嗎？為什麼一個人自殺，全世界都要依著他？

直到隔天驗屍的時候，來的人是往生者的兒子，一臉悲戚，更多在臉上的情緒是錯愕，不敢置信。

原來他父親是憂鬱症患者。他們生活不差，父親為什麼會想這樣？他一點頭緒都沒有，彷彿是這鐵道有吸引人的地方。監視器也錄到原本在旁邊吃飯的往生者，不知道為什麼，看到火車來就往前衝。

接下來沒有後續了，開出來的相驗證書的確沒有提到自殺。這件事情再也沒有人提起。也是，把責任轉嫁到留下來的人身上，的確是有點不合理。

我想了想：嗯，這次「誤闖」就這麼結束了，但是這個平交道、這個社區，我應該還會再來吧，畢竟這樣「誤闖」的人還是會有呀。

值得一提的是，那天我們剛到現場時，就發現社區管委已經在燒紙錢，警察問他是不是認識往生者，管委說：「只要這段鐵路出事情，我們社區就有事，所以我先燒個紙錢。」

然而，是不是真的這樣呢？

誤闖的隔天，有三台接體車在那個社區進出，有三家葬儀社老闆有生意，有三個生病的人都剛好在那天過世。

房東的反撲

在我的故事裡面常常都會有一個倒楣的房東，後來我才發現，幾年前有人破解了這個窘境。

某天，我和老宅出任務，那是一個分租套房，一層樓分成A、B、C、D、E……室的那種。

往生者是個學生，似乎是在分租套房內暴斃的，屍體過了好一陣子後才被發現，因為暑假大家都回家了，等到快開學才回來宿舍，卻發現隔壁房奇臭無比，報警後才知道，跟這位室友再也無法見面了。

往生者躺在一張電競椅上，身體因為過度腫大而把整張椅子卡得緊緊的，電腦螢幕上顯示著「YOU LOSE」。

人生的最後一場沒有贏，還滿諷刺的。

下面還留著隊友們罵他「中離狗」的留言，他們可能沒想到，在電腦另外一端的那個玩家真的中離了人生。

鑑識組東拍拍、西找找，看看地上有沒有一些蛛絲馬跡，小小的套房裡有滿地衛生紙、堆積如山的手搖飲料杯，電鍋裡還有兩顆發了霉的粽子。

旁邊趕來的媽媽哭著說，孩子從端午節後就沒聯絡了。床上有一堆沒洗的衣服，就是一般大學生的宿舍。

警察說房東幫他們打開門後，說要去準備一些東西，接著就在外面一直打電話。

當我們在思考如何將亡者從卡住的椅子拉出來時，房東才又出現。他看到我們只是笑笑，我們看到他卻大吃一驚。

心情這麼輕鬆的房東，難道是屋主的房子多到一個炸，或是衰到習以為常了？

都不是。

這個房東是我們認識的一家葬儀社老闆。

他衝著我們笑咪咪地說：「辛苦了，辛苦了，等等載回去以後，我來處理就好。我先跟家屬商量一下這個喪葬事宜，等等再請我家的阿弟仔來清理。」

哎呀，原來是這樣！他以前賺了點錢便投資房地產，當起包租公，現在竟然可以將兩個產業結合，準備發大財啦！

回到殯儀館後，老闆笑咪咪地跟我們聊起他的陰陽宅投資經驗。

他根本不怕陰宅，收了一堆陰宅再便宜租人，租完之後自己清，甚至當初還限制有家屬陪同的才租給他們，以便之後要處理時找得到人。

陰陽雙棲，這簡直是產業鏈呀！

我問老闆：「這樣好賺嗎？」

老闆拉著我到一旁，小聲地說：「凶宅很搶手，不只我在做，你想，現在那麼多房東租房子給人，要怕活人太窮繳不出錢來，又怕活人太宅死在裡面，有些人特意租房來自殺，或者有病死的。還不如我們葬儀社當房東，一條龍，怕什麼。」

接著他又說：「至於好不好賺嘛……噓，這不好說，你自己回去查一下我的案件量，有紀錄的。」

望著老闆嘴角神祕的微笑，原來，這就是房東的反撲……

PART 3

以為是真的

有時候，喪事不是喪事，
只是想花錢買個不要遺憾。

明牌

一講到明牌，就想到那個爛賭鬼師父，他常常是開著計程車來殯儀館誦經。

這天，看到師父聚精會神地盯著某個靈位前的香爐，看著看著，突然間好像觸電一樣抖了一下，接著他回頭告訴我，「明天買湖人。」

我望著師父面色憔悴，印堂發黑，掛著兩個大大的熊貓眼，看來是最近每天跑計程車還債還到大家都不叫他了，因為不是念經念到快睡著，就是叫他的時候，他還在開計程車打工。

看他打工也打得不太好，想想，要是你搭計程車時，司機突然接到電話說：「啊？等等頭七喔？可以可以，我的道服跟傢伙在後車箱，等等過去。」「啊？車禍招魂？我等等載完這個客人就過去招！記得不要叫車喔，等等上我這台車，讓我加減賺一下。」或是貼心到只要上橋、過隧道都會提醒你，「來喔～上橋喔～」「來喔～過隧道喔～」

這樣不會被客訴，已經是祖墳前冒青煙了，怎麼可能生意會好。

今天他好不容易撿到一個引魂的工作，剛拿到錢就想花掉，真的有點替他擔心呀。

我勸他說：「唉，你已經吃那麼多天泡麵了，那些錢拿去吃點好的吧，你這樣到時候又是吃泡麵了！」

師父一臉老神在在地神祕一笑，指著靈位前掉落的香灰說：「我看到明牌了！」

我看著那個靈位，再看看這傢伙的相片，哇噻！狂狂狂，這是我看過最狂的遺照，往生者抱著好幾本千元大鈔笑得闔不攏嘴，桌上拜一堆東西，有骰子、撲克牌、四色牌和一副小麻將。

「這該不會是賭神吧？」

師父笑一笑說：「天機不可洩漏。」就轉身走了。

我立刻拿出皮包看看生活費還剩多少，再看看今天的日期是二十八號，留三天飯錢，其他全部下湖人去了，一直幻想明天可以吃buffet了呢！

隔天，我早上起來看一看比賽結果，上班的時候，早餐買了三明治，午餐去小七買泡麵，小七店員親切地問我：「泡麵第二件八折喔！」

我很不爽地看著他，心想：真他媽王八蛋，輸一天就夠衰了，還要我輸兩天！

泡泡麵的時候，感覺到後面有一股衰氣在等我的熱水，我忍住把熱水潑過去的衝動，回頭說：「師父，說好的明牌呢？」

師父拿著泡麵，滿臉委屈地說：「唉！我以為那個人的那些錢是贏回來的，結果剛剛去他靈前準備給他一道符，跟他說以後不能亂報的時候，看到他的家屬哭哭啼啼地在靈位前。我在旁邊偷聽了一下，好像是愛賭，死之前拿房子去抵押換現金，想說輸贏看這一次了，還拍了張照片，贏了當相親照，輸了當遺照，然後就進來這裡了。幹，這個真的不能相信，我要戒賭了。」

我看著師父，嘆了一下，反正也是我自己愛跟，怪不得別人，算了。

過了一個月，我去接一個案子，兩個往生者一起自焚，買了一堆汽油桶放在車上，開到郊區，點了把火，結束了他們的一生。

那一回，是我第一次看到什麼叫「燒到都不剩」。現場只看到燒焦的腦殼，腦殼一移動就掉下來，全身上下器官都露了出來，連男女都分不出來，我們只能從因為大火黏著在車內的腳底板看是男鞋或女鞋，來判定到底是男是女。

一時間也找不到家屬，就先送回公司讓他們安息。

回到公司之後，我看著師父仰頭向天，好像在盤算什麼。他算了一算，問：「你剛剛接雙屍嗎？」我點點頭說是。

他聞一聞我身上的味道，問：「燒炭？」我搖搖頭。

師父眉頭一皺，再算一算，問：「自焚？」我點點頭。

「明天買湖人！」師父堅定地說。

我大吃一驚，幹，又來？

師父神神祕祕一笑，對我說：「這次穩穩的。」

我心想好吧，再試試看，又跟著他下了。

隔天，我起床看看比賽結果，上班的時候，我早餐買了三明治，午餐買了泡麵，店員還是那句話，「先生，我們泡麵兩件打折喔！」

我苦笑一下，打給師父。師父說：「對對對，我正打算打給你，記得買兩件。」

驗屍的時候，家屬沒到，但業者到了。業者剛好是他們的遠房親戚，在等法醫時來跟我們閒聊。

「唉！他們家以前很好過呀，我表舅留了很多錢給他們，於是他們玩股票，玩到後來變成這樣了，連家屬都不敢來。外面那兩台車都是高利貸的，就在外面等家屬來。你說，人活到這樣多慘。」

等到出殯時，家屬還是不敢來，但是為他們哭的人很多，都是清一色黑衣服，銀行下班後，他們才上班的，不管是小額貸款，還是房屋二胎，他們都收，就是沒收燒過去的紙錢，只好在門口哭了。

當我告訴師父這件事情的時候，師父告訴我，這次真的要戒賭了。

●

過了一段時間，我又遇到師父，他在幫一家葬儀社做法事，葬儀社老闆換了一支新錶，沛納海的，大概三十多萬，我和師父看得口水直流。

老闆笑咪咪地介紹他的手錶，我們虧他最近怎麼發財了，他說：「感謝××魔人。」聽到這個「××魔人」，我和師父心裡一驚：這不是在ＦＢ很火紅的專業運彩分析團隊嗎？一大堆人拿著錢、開著好車，每個人都說：「感謝××魔人，讓我人生多一筆收入，現在的我，不用上班就可以拿錢。我成功了，你呢？」

難道真的有用嗎？

於是我跟師父一起按讚、分享、加賴，得到了一個明牌：「**明天買湖人**」。

隔天早上，我起床看看結果，去上班時買了三明治當早餐，到了小七，我直接問店員：「請問泡麵兩件有打折嗎？」

中午和師父吃完泡麵，怒氣沖沖地去找葬儀社老闆，老闆還是笑咪咪地解釋說：「我的意思是感謝有他們，我才有案件可以做，昨天那個就是輸一屁股自殺的，這個月第三件了，有些人輸一次不會自殺，輸五次就自殺了呢！」

我和師父當場傻在那裡，兩個人對看一下，一起說出：「這次一定要戒賭！」

某天，我又遇到了師父。「這次湖人……」

●

其實我的年紀也沒有很大，三十有二，但是我身旁至少有五個朋友為了賭債跑路，甚至自殺。

人為什麼愛賭？

有很多原因，或無聊，或消遣，或是沒目標，也或是跟自己的死薪水賭一把。

真正有人戒賭成功嗎？

活的我不知道，但是我們每個月都接到很多「成功」的案例，因為他們沒法再賭了。

熱心

曾經聽人說過，台灣最美的風景是人。

我十分贊同這點。我們去接運遺體的時候，常常有熱心的人在現場，有時還會幫我們包好。我們要幫忙，他們還會生氣地說：「你是哪家的？要來跟我搶是吧！」

那些人長得都面熟面熟的，不過一聽到：

「我們是公立的。」

「這個是社會局通報，沒錢、沒家屬的。」

「這個有生前契約的。」

這些人一瞬間就變得不熱心了，也不知道為什麼。

有一次，我們大概傍晚去出任務，快到目的地的時候，放慢了速度，左顧右盼地找車位。有個店家看到了，就很熱情地幫我們找，他臉上的笑容像是見到失散已久的家人一樣，那樣的真誠，那樣的溫暖。

「先生，兩位嗎？真有眼光呀，我們這邊剛來新的小……」

剛停好後下了車的我們穿著制服、拿著屍袋，看著他。

他那個笑容在看到大大的「殯儀館」三個字時，瞬間沒了，而我們這台衰小車就被趕走了。

至於他為什麼原本笑嘻嘻地，一見我們下車卻又立刻趕我們走？我抬頭看看招牌，沒看到店名，只看到「９９９」……嗯，我晚上再來看看原因好了。

還有一次，我們去一棟大樓接遺體，當時是里長請身為發現人的住戶開門，警察帶著我們去的。

到了現場，嗯……往生大約一週的腐屍，味道彌漫著整層住家。我們是滿好奇為什麼現在才有人報案，但是看看大門深鎖的鄰居，也大概知道原因了，這種閒事少管一些比較好。

等鑑識組拍好照，發現現場的住戶和里長隨著警察去做筆錄，我們則回車上拿擔架，準備上樓將往生者帶回殯儀館休息，結果一個不小心，樓下大門關上了。我們挨家挨戶地按鈴，都沒有人願意幫我們開門。我問老大：「為什麼明明看到窗戶後有人在看我們，卻沒有人願意幫我們開門呢？」

老大嘆一聲，回我說：「也許是我們突然有陰陽眼吧，台灣人不可能那麼冷漠。」我「喔」了一聲，原來我像大胖一樣看得見呀。

於是我們在樓下等了快四十分鐘，直到里長帶著發現人回來，我們才終於一起進門。里長來的時候，對著窗戶罵：「幹你娘，大家鄰居十幾年，幫忙開一下是會死嗎？」

咦？原來里長也有陰陽眼呀！

來說兩個熱心青年的故事好了。

某天半夜，有兩個熱心青年打電話報案，說他們在郊區看到一個倒在地上的老伯伯，好像是被車撞到了，警察就派人過去。到現場，很明顯已死亡，於是連救護車都不叫了，直接叫我們去載。

隔天，家屬知道消息後，悲痛地趕來殯儀館。誰會知道昨天好好地出門，今天相見會在殯儀館這裡。

悲傷歸悲傷，確認是自己的家屬後，也得面對現實，準備喪葬事宜，於是找了葬儀社來處理。

當天下午，正是警局預計要驗屍的時間，兩個熱心民眾和喪家一起在殯儀館等待驗屍。喪家很感謝發現者，要是沒有他們的話，老人家不知道要在路旁躺多久，兩個年輕人直說不用客氣，然後喪家拿了一個大紅包偷偷地塞給他們，年輕人也收了下來。我們在一旁滿欣慰的，現在這種人不多了。

我想到在清潔隊工作的親戚曾撿到一個空皮包，裡面有證件，他就把皮包寄回給主人，結果主人告他偷皮包，因為皮包上有他的指紋。從此我這熱心的親戚變得不愛管閒事，所以這兩個年輕人難能可貴呀！

大家等待的法醫來了，相驗的結果有多處骨折，頭部重創，是失血過多死亡的。檢察官也問了一些問題，都沒有什麼異常狀況，於是決定等待警察調出監視器再說。

這件事情就暫時告一段落。

直到兩週後，我們再度見到那天的兩個年輕人，卻是被警察押來的。

原來當時附近路口的監視器拍攝到，進去那條小路的只有他們的車，而小路出口的那架監視器，也只有他們的車出來。短短十分鐘的路，他們開了四十分鐘，而且交代不出原因。

「唉！原來兩週前我們認為的熱血年輕人是這種角色呀！」老宅在冰庫門口搖搖頭說。

我倒是很在意那個還包紅包給凶手的喪家，他內心的陰影面積到底有多大，是否以後他就不再相信任何人了呢？

好心人

炎炎夏日，事情不多，我邊看電視、邊搧著扇子，這時從化妝間走出一個化妝師對我說：「哥，我化好妝了，扇子我要放進去了。」

我看著手上的扇子，感到有點依依不捨……

扇子怎麼來的呢？一般往生者入殮的時候，棺材裡都會放扇子、梳子、手帕之類的，今天天氣實在太熱，來跟菩薩結個緣借一下，不過有借有還，再借不……呃……

還是不要再跟他借好了。

化妝師看著電視，突然噗哧一笑，我有點好奇就跟著看，也噗哧一笑。

電視上，一個小朋友站在靈堂前面，靈堂上放著一張中年人的相片，小朋友面色淒苦，下面的斗大標題寫著：「酒駕釀禍撞死路人，國中兒子無力治喪」，捐款滿踴躍的。

化妝師說：「台灣人真的很有愛心呀！」

我笑笑沒說話，想起前陣子看了一件也是無力治喪，結果募得一堆款，喪事辦起來比一般中產的還豪華。

我笑笑問化妝師：「你怎麼看？」

化妝師說：

「還不是那樣，募多少做多少的場，五萬有五萬的場，二十萬有二十萬的場，不敢說完全啦，大部分都還是實收的，不太會因為你今天是募款的，棺木六千變三千。再說，今天你棺木要善心，禮廳、靈堂、師父、人力和老闆也都要一起做善心才行呀！假如其中一個不想便宜賣，但另外一個便宜賣，那豈不是被賺走了。

「再說吧，酒駕車禍那些的，光這個月你還少看嗎？比他窮的你有少看嗎？看看那個弟弟的靈堂，個人的，一天起碼也要一點錢，你看看我們免費的大眾靈堂，排隊排得滿滿，上次有個也說無力治喪，還真的是很無力的那種，帶孩子一起走，其中一個留下來了，然後善款太多，他們用了一天兩、三千的靈堂，你想想看多少人可以用那些靈堂，中產的可能很多都沒辦法。

「唉，我真心覺得那個菩薩很可憐，希望他一路好走，也覺得小朋友很可憐，那麼小就要背那麼大的責任，但是善心能不能均分在每個人身上，卻還是個問號呀！」

我搧一搧手上的扇子，的確，這邊不能辦喪事的人還是滿多的，雖然有聯合公祭，但是很多時候卻是公祭幫不上忙的。

●

記得某天有個案子，往生者是被人砍死的，似乎是為了感情問題。送過來的時候，大大小小的刀傷大概三十多道，扯的是連脖子都快被砍下來了。

亡者的家屬都是長輩，白髮送黑髮已經很難過了，無奈家境又不好，不過不知為何，他們不想要聯合公祭，或許是不想跟別人一起辦，又或許是想要自己選一個好時間，讓往生者可以順利往極樂世界前進，所以也婉拒一些單位協助，像是被害人協會、里長、社會局等等。

印象中，家屬是幾位很古意的老人家，有人要幫助他們，他們只是不斷地說對不起。

「對不起，給你們添麻煩了，很感謝你，真心很感謝你們，但是自己的小孩，我們會處理，這是我們的責任，真的很感謝你們，對不起。」

於是大家也覺得，好吧，既然老人家都這樣說了，也就算了。

喪葬部分籌錢處理了，但是在縫補部分遲遲沒著落。

他們找了一家很佛心的業者，報價給他們個位數萬，老實說，四十多刀到頭差點斷，那個數字是很低的個位數，已經佛到頭上有光了，但是幾個老人家還是湊不出來。縫補師也是要生活的，假如每天做功德可以飽的話，就不會有這問題了。

正當家屬要放棄的時候，有一個禮儀師告訴家屬，「我可以找到善心人士幫他縫，工夫可能會差一點，但不會掉漆，不知道你們願不願意？」

家屬一聽，差點哭了出來，別說技術不好，就算是剛學想要練工夫也沒關係呀！

禮儀師見他們首肯，撥了通電話與善心人士商量後，便告訴家屬，「到時候包個小紅包，多少都可以。」

「真的多少都可以嗎？」

禮儀師再拍拍老人家，「阿伯，你放心，真的多少都可以。」

直到縫補那天，我一直在等待究竟是何方神聖會來做。等著等著，看到了大胖龐大的身體，一步一步堅定地向冰庫走來，手上拿著大大的箱子，走到我面前的時候，對我微微一笑。

我心裡一顫，真他媽人不可貌相，真的是大胖你嗎？這就像電影《破壞之王》裡，何金銀說他是蒙面加菲貓一樣讓人不敢相信。

我深呼吸一口氣，慢慢地問大胖：「真的是你嗎？善心人士？」

大胖點點頭，專業地從大箱子中拿出了一瓶冰麥香。我看著箱子裡面滿滿的冰塊，還有飲料。

「幹！死胖子，警衛室沒冰箱，你就給我帶著行動冰箱來上班，害我還以為真的是你！就知道你才沒這麼好心！去旁邊啦，浪費我時間！」

把這個胖子趕走後，來了一個認識的大哥。

這位大哥平常幫禮儀公司開靈車，偶爾站場當禮生、抬抬棺材之類的，形象很粗獷，有時候開靈車趕場趕太急，亂停而擋到車子進出，他都會客氣地問候別人的長輩是否還在人世，類似：「×你××，你車亂停是家裡××嗎？」由於用詞太過文雅，所以給個馬賽克。

那個大哥來的時候二話不說，「小胖，我是來退那具要縫補的，幫我開門一下。」

我真的大吃一驚，完全沒想到會是他！不知道這個大哥到底是會還是不會呀？

當我把往生者抬上縫補台的時候，再次看看，還是覺得很可怕，那個傷口光是淺的就快看到骨頭了，更不用說其他的，肚子那邊的臟器還有點流出來。

只見大哥不慌不忙地拿出傢伙，是一個古老的縫補箱，我正想著裡面不會是三秒膠之類的東西吧，結果打開來一看，是很專業的縫補器材。

縫補室沒冷氣，大哥脫下上衣，轉身後，我恍然大悟了。

「原來這位大哥是有經驗的呀！」

大哥雙手都有刺青，年輕的時候應該荒唐過。背上雖然也有刺青，但已經看不出是什麼圖案。被什麼掩蓋了呢？是刀傷。

「別看我這樣，我有經驗，有學過的呀！」

我看了看他的背，心裡很疑惑：他所謂的經驗是縫補經驗？還是被縫補經驗呢？

小胖心裡疑惑，但小胖不說，因為小胖不想變成死胖子。

大哥邊套上手套，邊跟我聊天。

「以前呀，年輕不懂事，逞凶鬥狠，老大叫我砍誰，我就砍誰，老大叫我砸誰的店，我就砸誰的店，警察局也去過了。有一次，在外面跟人鬥輸贏，結果被一群人圍起來砍，吶～你瞧瞧我的背，那個時候差點被砍死。

「在醫院躺的時候，我媽媽在旁邊一直哭、一直哭。做兄弟真的有用嗎？我這樣拚到了什麼？這條命是撿回來的嗎？被我砍的那個人現在怎麼樣了？後來我知道那個人怎麼了，是法官告訴我的。

「直到在他靈前上香的時候，我才知道：啊，這傢伙長這樣呀！因為那時燈光昏暗，我沒看清楚他長怎樣，別人叫我砍就砍。他的長相我現在記不太住了，但是對方媽媽的臉，我一輩子忘不了。

「蹲了好幾年，出來後，有時候想去他家看看，卻一直都不敢去探望。後來也不知道能做什麼，就學了這個，好笑吧？有時候，我還會跟他們說對不起呢！」

我在旁邊看著、聽著，不知道該回什麼。

「你知道嗎？這工作越做越可怕，越做，越不知道當年的我在幹麼，現在那些混的在幹麼。為什麼我要在這邊縫一個為了一口氣就被砍死的少年仔，另外一邊卻正要關著當年跟我一樣一時衝動的少年仔？人生，甘嘸那麼無聊嗎？

「你看這個頭，被砍成這樣，哀，梁子有那麼深嗎？他們終究有一天會明白的。」旁邊的我想一想，嗯，一個關完十幾年後可能會明白，一個要下輩子才會明白。

大哥縫補需要一點時間，我不吵他，於是回辦公室守著。五小時後，他來跟我說搞定了，我看著縫補完的往生者，技術真的不錯，該補起來的都補起來了，該遮的也有遮到，真的滿厲害的。

隔天出殯的時候，幾個老人家在棺木前做最後的遺容瞻仰，看到了往生者，個個都痛哭流涕。

「阿明，真的是你，你已經都好了，阿明，今天幫你弄的漂漂亮亮的，你要好好走呀！阿明！阿明呀！」

這種場面雖然看多了，但是常常還是會跟著難過，我轉過頭去，不想再多看這畫面，卻看到遠方的善心大哥眼角似乎有點淚光，似乎說著：「滿意就好，滿意就好，來世一定要報答你的這些家人。」

喪禮結束後，老人家拿著紅包，卻怎麼也找不到這個善心人士。禮儀師對他們說：

「可能善心人士覺得你們有緣，不願收吧。」

老人家拿著那薄薄的紅包向四面八方拜了一下，說：「謝謝，謝謝，對不起。」

說完這故事，我看著還在沉思的化妝師，叫了叫她，她回過神來，說：「可惜了……」

我問：「可惜什麼？」

「可惜不知道紅包裡面有多少錢……」

我笑了一下，錢的確很重要。

眼看時間差不多了，化妝師說：「哥，不聊了，我還要趕著下個亡者，下次再聊。」就急急忙忙地推著棺木前往空蕩蕩的禮廳。

這行的愛心件很奇怪，完全不跟家屬拿錢的是愛心件，不向家屬拿錢，然後拿募款錢的也是愛心件。有時候所謂的愛心件比辦一場正常的還賺，這真是令我想不透。善用愛心賺錢的人會如何呢？

我腦中出現了一群人，想了想他們的下場……啊，原來是會有錢呀。

我搧了搧手上的扇子，這樣的話，我還是窮下去好了。

啊幹！扇子怎麼還在我手上呀！

搶快

說到殯葬業，不知大家想到的是筆挺的西裝、專業的笑容，以及治喪時梳著油頭，時時刻刻來關心您的印象？又或是穿著吊嘎、咬著檳榔，一下請菸，一下請酒，來靈堂跟老人家聊天呢？

在這裡，兩者都還滿多的。但是我認為以目前的消費模式及轉型狀態，那些比較古早的業者應該有天會被汰換掉吧。

暑假到了，來了不少工讀生，現在要說的這位顯然是走本土派，他是新進的老司機，姑且叫他「阿弟」吧。

他第一天來的時候，我們看了看他長的樣子，很有禮貌地問：「出來多久呀？之前在哪裡蹲呢？」

阿弟很大剌剌地說：「還沒蹲過啦！大哥，不要這樣，我還是學生，剛剛入行，多多指教。」

我聽了，難過地拍拍他的肩膀。「唉！別難過了，我大學也沒畢業呀，我還高中學歷呢，還不是在這裡混得好好的。學歷在這裡不代表什麼，用心做，不要誤入歧途就好。你是自己休學？還是被退學呀？」

「暑期打工，在學中。」

我「喔」了一聲，把手收了回去。

看著粗手粗腳的他，我本來還想問：「畢業後，打算去哪裡蹲呀？」後來還是把話吞了回去，畢竟以貌取人不是件好事。

但是阿弟也沒讓我們失望，剛滿十八考到駕照，貸款買了一台車和一台摩托車。他果真走台客路線，每天都搖下車窗，把喇叭開到最大聲，開車橫衝直撞的。

我覺得很詭異的事情就是這裡雖然沒有大埔阿嬤在罵：「騎那麼快要死喔！」但是

有很多實例告訴我們騎那麼快會死。

記得我高中拿到機車駕照的時候，學校老師跟我說：「有時候出車禍不是技術問題，是機率問題，就算你技術再好，遇到緊急狀況還是反應不了，所以不要貪快，至少你有多的時間反應。」

那時候還年輕，不懂這句話的意思，等到我懂了之後，已經是我收到兩張超速罰單以後的事情了。

從此以後，我騎車都不快。

畫面再帶回殯儀館……那天，外面一聲巨響，跟大家想的一樣，阿弟出車禍了。

他這次比較倒楣，騎摩托車撞到車子，汽車的前面被撞爛，整個引擎蓋都凹了下去。再看看阿弟的摩托車，無法想像那團廢鐵曾經叫做摩托車。

阿弟躺在地上，全身是血，看著那插出來的骨頭，應該是開放性骨折。

其實這件事，兩人都有錯，兩人都超速，但是看阿弟的情形，真的不忍心苛責他。

他家老闆在醫院跑車禍案件，一聽到立刻在電話那頭說：「叫他等我，我下完這具就去接他。」

聽起來雖然不太妥，但也知道老闆的著急，而身為當事人的阿弟在旁邊驚恐地搖頭。

這邊的人們也都很熱心，來來往往的接體車都來問：

「要不要載你去醫院呀？我回去放一下擔架，床還可以躺。」

「等我一下，我這場快出完了，等等載你。」

「醫院急診我熟，我剛回來，等等載你過去。咦？掛急診跟往生室在同一邊嗎？我只知道往生室在哪裡而已……」

感覺得出大家都很熱情、很關心，但是私家車怕髒不敢開，而公司車只接出醫院，沒接進醫院的，拜託你們還是不要提比較好，要想想那個阿弟其實還好好的呀！

阿弟也知道坐這種車雖然是遲早，但是還不到時候，就很堅定地等救護車來。

就這樣，阿弟被救護車接走了，而往後有段很長的時間，我們應該看不到這個阿弟仔了。

我第一次遇到車禍的，並不是去現場接，而是我半夜值班時送過來的。

記得那天我泡了泡麵，在等麵好的時候，滑手機滑到一個臉書社團，有個小姐請大家協尋行車紀錄器，說她弟弟出了車禍，希望有行車紀錄器幫忙釐清。

那時候我看得入迷了，因為那個姊姊滿漂亮的，於是我點進她的臉書看看照片，看著看著，突然呼叫器傳來一聲：「進館。」

而家屬進來的時候，我傻眼了，就是那個姊姊呀！所以他們一坐下來，我就直接問業者，「哪個交通隊的？」

業者也傻眼了，看著我彷彿是看著算命仙一樣。我也酷酷地裝B，不再說第二句話。但是車子不是來一台，而是來兩台，後面那台的家屬下了車，那個眼神是充滿怨恨的，一直瞪著前面那組家屬。

到底是為什麼？這點我這個兩光的算命仙就算不出來了，偷偷問業者說：「欸欸欸，後面那組幹麼的呀？」

業者白了我一眼，好像在說你不是什麼都知道，再裝呀！然後他告訴我，「這年輕人載女朋友夜遊，好像是閃車撞護欄，然後兩個都進來了。」

難怪後面那組是這種眼神。

資料寫好後，就是要送進冰庫了。到了進冰庫前，讓家屬再看最後一眼時，原本狀況就不好的家屬崩潰了……男方家屬一直哭著罵兒子騎那麼快幹麼，女方家屬也跟著罵就是他騎那麼快，害自己的寶貝女兒沒有了！女方爸爸甚至崩潰地去打男方的爸爸，而男方的爸爸也沒反抗，任由他打。

一旁的我說：「唉！何必呢？兩方都是受傷的人呀！這樣吵，他們的小孩也回不來呀……」

業者拍拍我說：「不給他們這樣釋放一下，他們會更不好過的。別看男方父親這樣，要是我今天出這種事情，我也是希望對方家屬來打我，至少我心裡過得去一點。」

我心想也是，於是退到旁邊，讓他們發洩一下，畢竟對於兩個從此不會再回應他們的人，說不定動作越大，鬧得越大聲，越會讓他們在地下聽到吧？

家屬回去的時候，差不多是十二點，我也下班了。騎車回家的路上，一群少年仔騎著快車停在我旁邊。

我看著他們的車子改得很瞎趴，不斷催著油門，等著紅綠燈一到就要開始飆了。後座載的辣妹見我在看他們，一臉就是「你在看三小」的感覺。

之前的我總會想：「瞪什麼瞪，總有一天服務到你。」

可是此時此刻，在這紅綠燈下的短短三十多秒，我很想跟他們說這個故事，告訴他們有天出事，你的家人會多傷心。

但是等到綠燈亮了，他們油門一催，飆了出去。

一時搶快一時爽，但，一直搶快真的會一直爽嗎？
假如我有兩個銅板，我會擲筊問躺在那邊的那兩個。

沒事，路過

炎炎夏日即將結束，也代表著開學季要開始了。

這天，我和老宅到一個學區附近出任務，老宅不是本縣市人，不過這次出門時卻不需要導航，直接到目的地。

他說：「做這行的，路太熟不是一件好事。」

我常常說自己沒朋友，活動地點都在家附近，而且本人號稱「肥宅」，肥就不用說了，宅就是十足十的宅，很少出門，雖然在這地方住了十多年，可是除了早餐店和便當店之外，對我家附近還是非常不熟。

但自從做了這份工作之後，對於「地點」這個話題，跟人很有得聊。

有時候跟朋友出去，閒聊的時候，會回憶一下，「啊，你在××地區工作呀？我以前在哪裡讀大學欸！不知道那地方還好嗎？你也常常去嗎？」

我想想那個大學，腦海中出現一個炭盆，旁邊倒了一個人，於是點點頭說：「有呀，那地方我知道，之前上班的時候去過。」

之後，對方沉默了。

有時候跟朋友去風景區，看看那個水色山光的風景，會問說：「這地方好美呀，你來過嗎？」

我想想這座山、這個湖，想起了曾經有消防隊在這裡等待我們到來，而地上有個沾著水的屍袋，等待我們送他回去休息，於是點點頭說：「有呀，那地方我知道，之前上班的時候去過。」

朋友想買新房，看到中意且價格優惠的房子，跟我閒聊的時候說起，「欸，最近我在看××區的房子不錯耶，環境良好又靠近學區，我和我老婆打算買在那裡了。地點是……你知道在哪邊嗎？以後有空可以來吃個飯。」

我想想他告訴我的街道和巷弄，回想起有天我在隔壁棟遇到了一個邋鞦韆的，那搖晃的場景到現在還是難忘，於是點點頭說：「有呀，那地方我知道，之前上班的時候去過。」

到現在我還是想不通為什麼朋友越來越少，算了，就讓它是個謎吧。

話說這天，老宅和我到了學區，裡面的住戶應該是生病往生的，但是太久沒人去看他，加上這邊都是住學生，大家都放假了，就算有很重的味道也沒人聞到，所以是等到開學的時候，隔壁的學生回來才發現的。

現場除了倒楣的房東，就屬那個鄰居同學臉最黑了，當我們告訴他，發現者還要去殯儀館讓檢察官問話，他的臉更黑了。

現場的狀況很不好，應該是跌倒後休克導致往生的，因為他的頭卡在書桌和床的中間。

經過那麼多天，他的臉已經完全陷入那個洞裡面，我們必須一個人抱著他，又不能讓他落地，所以要很貼近他的臉地抱著上半身。

那張臉已經不太像臉了，滿滿的大血泡，感覺一碰就會爆開那種，加上那口氣還沒吐出來，當我靠近抱著他的時候，心裡戰戰兢兢的。

幸好，總是聽人家說做好事會有好報，這次總算是靈驗了一次，雖然有水泡破了，但他那口氣最後沒有噴出來。

好不容易將他送入屍袋，披上往生被，要將他送往殯儀館的時候，樓下剛好來了一群即將入住的大學新鮮人，只見他們一臉驚恐地看著我們指指點點的，其中有一個膽子大的爸爸跑來問我們，「發生了什麼事嗎？」

老宅遮一下制服上的「殯儀館」三個字，說：「沒事，路過。」

我擦擦身上的血跡，也說：「沒事，路過。」

鑑識組一邊提醒我們隔天要交代驗屍、一邊告訴他們，「沒事，路過。」

警察一邊聯絡亡者家屬、一邊跟他們說：「沒事，路過。」

房東也趕緊跳出來說：「沒事，他們路過。」

而那位一臉黑的發現者同學……幹，你也好歹裝一下，你那張臉怎麼看都不像沒事呀！

殯儀館有鬼

有天，我們大家難得工作有空檔，開始閒聊一個話題：

殯儀館有沒有鬼？

大家開開心心地聊起鬼故事，老司機先說：

「之前我是不相信這邊有鬼的，直到最近我在殯儀館幫家屬做頭七的時候，去上廁所，上著上著，突然聞到滷肉飯的味道。大家都知道我們不太喜歡在館內上廁所，都喜歡跑外面的廁所比較安靜，可以慢慢蹲。這廁所平常不會有人來，怎麼可能有人在裡面吃滷肉飯呢？於是我就大喊：『誰？到底是誰？』沒人理我，但是香味一直來，而且還聽到有人在吃飯的聲音。我突然想到，『幹！今天做七的是一個滷肉飯店老闆，老闆生前的滷肉飯就是這味道，不然怎麼可能有人半夜在殯儀館旁邊的廁所吃滷肉飯呢？』當下我趕快擦擦屁股，立刻衝了出去。我最近都不太敢在那邊上廁所了……」

我們聽了真心覺得這不合理，真的不太可能有人半夜在那邊吃滷肉飯的。

突然間，大胖說話了，「會不會是那個新來的，聽不到的清潔人員？」

我們「啊？」了一聲。

大胖繼續說：「就是那個本來是流浪漢的呀，好像是耳朵有問題，可是做事滿努力的，雖然聽不到，但我巡邏的時候，都看他很認真打掃。當初來工作的時候，他帶了很多家當，把本來在公園裡的所有身家都帶來了，棉被呀，大枕頭呀，電熱壺呀。他沒地方睡，老是在館內找祕密基地，有時候在禮廳後面，有時候在廁所的儲藏室，有時候在後面公墓旁的公園，不管哪裡都能睡。聽說最近領薪水後，他還加購了電鍋。

會不會是他呀？」

老司機直說不可能，以他的膽子，不可能栽給一個清潔工。

兩人槓起來，後來我們一起去那邊看，發現廁所的儲藏室裡，電鍋裡面的焢肉剛跳起來，聾子哥正用一旁的水龍頭洗澡，準備吃晚餐。他還拿了別人拜完不要的三牲、丟掉的水果，用著公家的電、公家的水。

我們看著他，似乎找到未來餓不死的辦法了。

●

接著換師父，他抽了口菸，告訴我們前幾天他去一場凶殺案現場引魂的故事。

「那是一個年輕男子，因為爭風吃醋被砍死，砍到血肉模糊，我接到電話後，就開著計程車去招魂。招完魂回來，家屬說有其他家屬還沒到，於是我先去上廁所。正當我從廁所出來的時候，看到一個可怕的畫面：一輛計程車開進館內，下來了一位婦人……還有剛剛我去招魂的那個亡者！」

師父說到這裡，用力吸了一大口菸。

「只見那個亡者從計程車下來，對著大胖說了一些話，那個沒義氣的大胖指了指廁所，亡者就朝我衝了過來，嚇得我屁滾尿流。我心想不就是剛剛引魂趕時間，佛經少念一段而已，需要衝到殯儀館來找我嗎？雖然亡者經過我旁邊時還跟我說借過，但還是把我嚇傻了，錢都沒收就說我道行不夠，先走了。」

師父轉向大胖，說：「還有，大胖，我還沒找你算帳，你也太不夠意思了吧！秒賣我欸！」

大胖一臉無辜地說：「他問我廁所在哪裡呀。」

師父還是氣噗噗的。

我想了想，問師父：「是不是上次來的雙胞胎呀？好像其中一個被砍死，另外一個來當申請人。」

師父形容了一下長相，果然沒錯。

於是師父更氣了。「媽的！難怪我覺得明明要七天後才回來，這個怎麼提早回來了，而且我招那麼多次魂，第一次看到坐計程車回來的，還不叫我的計程車，又害我沒收到錢，真是氣死我啦！」

我們笑了笑，在殯儀館裡面，總是自己嚇自己。

接著換大胖開始說故事了。我們滿期待的，每天半夜巡邏，一個月才休四天，一定有很恐怖的故事。

「月薪兩萬四……」

短短五個字，我們聽到不寒而慄，真的夠可怕。

就在我們還在這可怕的故事中沒驚醒的時候，旁邊聽我們閒聊許久的老葬儀社老闆，說出了他的故事。

「殯儀館裡面一定有鬼！」

他老人家說完之後，點了支菸。

「我年輕時幫家裡做事，家裡做葬儀，到我是第三代了。那時候，我們接了一個外縣市的案件，往生者是自殺的，被旁邊的人發現後報了警。不知道為什麼，有其他葬儀社的人聽到風聲就先跑去處理，把屍體撈了起來，裝好了屍袋，準備等家屬到就有生意做了。偏偏家屬不給他們做，反而叫我們外地人去接。

「當然，對方很生氣，但是家屬的意願最大，於是他們敲了一筆幾萬塊的竹槓後就走了，走之前還放話說不會給我們好過。

「我們做口碑的，從我阿公到我做了三代，經營兢兢業業，不對外結仇，用心對待家屬，他們才會找我做。還好，一路上沒出什麼紕漏。化好妝，放入棺木後，我們將女菩薩移到禮廳，等待隔天的出殯。

「隔天早上不知為何，我起得特別早，而且睡不了回籠覺，於是就提早去禮廳做準備。到了禮廳，我發現這位女菩薩的衣服被扒得一乾二淨，會場也被小破壞！幸好我到得早，一切都可以補救，也沒讓家屬知道，讓他們安安心心地做完最後的儀式。」

老葬儀停了一下。

「事後，我去向那邊的殯儀館禮廳人員反映，禮廳人員問我們當初得罪的那家叫什麼名稱，我們不知道，只形容了對方的特徵和身上的刺青。禮廳人員聽了，只淡淡地說：『這裡有鬼，晚上會來亂，你們抓不到的，就算抓到了也不能怎麼樣。』」

老葬儀還在回想那時候的情景，抽了第二支菸。

「從此我相信，殯儀館有鬼。如果那是人做的，有多麼可怕！有鬼的話，我反而不會那麼怕。」

從此以後，每當有人問我殯儀館有沒有鬼，我都會回：「希望有……」

我一直認為對任何人、任何事，
都要有最基本的尊重，尤其是這行，
這樣才能對得起自己，對得起工作，
晚上才能睡得安穩。

包裝

館裡來了一個小朋友，不是嬰兒那種，大概十多歲，國小左右。

父母親都有來，感覺他們看得滿開的，好似早知道有這天的到來，但是孩子要被送進冰庫的時候，媽媽還是淚崩了。

爸爸拍了媽媽的肩膀，說：「不是說好不哭了嗎？我們早知道會有這天，讓他走吧。」

媽媽擦擦淚，忍下心來往回走。「從冰庫出去之後，你們就往前走，不要回頭。」我們都是這樣跟家屬說的。

家屬走之後，我仔細看了一下小朋友的死亡證明書，難怪爸爸會這樣說，是久病。

之後呢，就是進入喪葬的部分了，這次來的業者很面生。

怎麼說呢？是一間大公司，穿得很體面，不管是面對家屬、面對我們，都是帶著一種專業的同情面容，似乎跟家屬同悽同悲。不過，我總覺得這種感覺中帶著一絲虛偽，不知道為什麼，就是沒辦法喜歡我面前這個穿著體面、戴著名錶和金絲邊眼鏡的人。

但是，這種人卻很合一般家屬的口味。

「放心吧！我們公司從事這行那麼久了，業界有名，那個××明星是我們辦的、××大戶是我們處理的，交給我們，肯定圓滿。」

所以他們就一拍即合。

所謂喪事就是這樣，要辦得圓滿就好，不需花大錢，不需很鋪張，辦完之後，你心靈可以覺得安慰到自己，若干年後回想起不覺得愧對家人，就好了。

剛好老大經過旁邊，便看看究竟是哪家業者接手的。他看了一眼，說了一句話，

「給他辦到真的很衰。」

一開始我覺得應該是誤會吧，基本上那些包裝不錯、賣相好的，應該差不到哪裡去。但是，慢慢地我發現，由於他們公司很大，所以案件很多，基本上自己人吃不太下來，很多都外包給別人做。而外包的那幾家卻難以讓人信任。來洗遺體的時候，別人都慢慢洗，只有他們像打仗一樣把遺體當物品在整理，似乎忘了他們曾經也是人。叼支菸，吃著檳榔，喝著阿比，不是看不起這行為或是覺得不好，只是覺得場合不對。

我一直認為對任何人、任何事，都要有最基本的尊重，尤其是這行，這樣才能對得起自己、對得起工作，晚上才能睡得安穩。

那時候聽到他們談的金額，同樣的東西，別家要一半就可以搞定，說穿了還是兩個字：「包裝」。

有葬儀社老闆在這邊說過，殯儀館遍地黃金，一般人或是思念亡者、或是礙於親人間的壓力、或是面子，只要聽說是對往生者好的商品，多少都會掏錢買，但是要找到買家賣出去，就要靠各家的功力了。

這部分倒是跟我們一點關係都沒有，因為我們不會參與這些事情。不過，有件事情我滿在意的。

這天，這家業者跑來說他要提早退冰，因為過兩天是大日子，他們很忙，可能到時候沒時間來。

我們只是提供設施，不干涉一些殯葬事宜的，他們說可以，我們就可以，所以葬儀社方面辦好手續後，就來退冰。

「你確定提早五天退，這樣可以？」我一臉疑惑地問。

「不行也沒辦法，我們兩天後沒時間來。」

「確定不會腐敗嗎？」

禮儀師笑咪咪地說：「放心吧！這我們會處理。」

我們嘆了一聲。你說可以就可以吧。

四天後，化妝師來化妝。當她們把小朋友從退冰區帶出來的時候，看了看小朋友，問：「這具來的時候，是腐屍嗎？」

我們搖搖頭，說：「是好的呀。」

「那為什麼味道都出來了，臉也黑掉了呢？」

她們也知道了原因，嘆口氣，只能粉上厚一點，香水多噴一點。

我們互相看著，相對無言。

「退冰四天了……」

隔天出殯的時候，禮儀師特地一早來補噴香水。他一身筆挺西裝，一副專業的樣子，手上戴著勞力士，勞力士旁邊多了一個手環，是小朋友來後才有的。

我看著手環，對他說：「大哥行情不錯喔，帶了BV的手環。」

禮儀師笑一笑，說：「這手環是假的。」

但我仔細看了看，怎麼樣都不像假的。

禮儀師告訴我，「因為放在我的勞力士旁邊，你看到勞力士，就也覺得我的手環是真的。如果戴在你那個破錶的手上，就算告訴別人這是真的，別人也不信。」

我看著我手上的破錶，似乎有點道理，又問：「那勞力士是真的嗎？」

禮儀師笑一笑，望著走過來的家屬，不說話了。

媽媽看著小孩白白淨淨的面容，容光煥發，覺得值得了，卻不知化妝下掩藏的那黑掉的面容。

媽媽聞著滿棺木的香氣，清新淡雅，覺得值得了，卻不知那香味是為了掩蓋腐敗的氣息。

媽媽摸著小孩的頭，說：「小偉，你才來人世不久，媽媽沒辦法多給你什麼，這次好險有這個哥哥幫你辦喪事，辦得好，辦得圓滿，你就好好去吧！媽媽已經把最好的都給你了！」

莊嚴的師父帶頭念聲佛號，氣派的靈車前掛著小朋友生前秀氣的面容，四個樂手在吹奏樂器，大家都覺得這是場完美的喪禮。

站在旁邊的我突然了解到老大那句話。

「給他辦到真的很衰。」

亡者變青蛙

某天，我們接到一件案子，從車上走下來的是亡者的父母，做回收的爸爸穿著滿髒亂的，填寫資料的時候，靦腆地請葬儀社的人幫忙，因為他不識字。他的眼球有點怪怪的，是斜視還是鬥雞眼，我也不清楚。

而媽媽，我穿3L衣服的話，她應該穿到7L，流著口水，不明白發生什麼事情，跟老公一起來，應該是個沒辦法自理生活的人。

兒子從車上下來了，只聽爸爸喊著：「阿輝，下車喔！」

那就叫他阿輝吧。阿輝面黃肌瘦，兩隻眼睛突突的，手腳都有點攣縮，嘴唇有稍微破皮，應該是癲癇的時候咬的。感覺身體沒很大，實際年齡說不太出來，但是看看身分證，已經三十歲了。

輝爸說，他這個兒子一生下來，病就一大堆，動不動還癲癇，醫生說養不到二十歲，現在養到三十，他也是盡力了。老婆這樣，他也不敢生了，阿輝是他唯一的兒子。

葬儀社老闆在旁邊，臉色倒不是很好看，問他為什麼，老闆說：「這個是里長通報的，感覺沒什麼錢，說不定還會倒貼。我這個月快月底了還沒開張，唉，不知道賺不賺得回來。」

喪事就是這樣，沒有陌生人會那麼好，悲天憫人地幫忙治喪，還是要算錢的。

前陣子遇到一個葬儀社老闆，手頭一次有三個案件，他搖搖頭，說：「唉！喪家真是可憐，一個人往生，就是一個家庭的不完整，甚至是兩個家庭。唉，喪事這東西呀，少辦為妙，錢生不帶來、死不帶去，還是讓這世界美麗一點好。」

那時候覺得他很有道理，一場喪事可能是白髮喪子、可能是喪父、可能是喪偶，真的是讓一個家庭不完整。

假如這個社會的喪事少一點，會不會大家就更幸福一點呢？

大概過三個月後，那個老闆突然都沒接到案子，有天我又遇到他，他變成這麼說：「幹，最近怎麼都沒人死呀，再下去我要吃風了，等等去醫院還是河邊撿撿看好了。」

原來這行也可以「跑業務」呀！

再說起阿輝的事，老闆想既然沒錢，就速戰速決，三天給他火化掉。

輝爸滿臉不解地問：「有必要那麼趕嗎？」

老闆不好意思問他有沒有錢，只好委婉地說：「不然你預算多少？你家的狀況我知道，里長有交代，你看你能出多少，剩下的我想辦法。」

輝爸拿出一本存款簿，說：「這些是這幾年阿輝領的補助金，我早就知道有這一天了，我盡了當爸爸的責任，平常生活我負責，這些錢是要給他自己辦喪事用的。」

老闆一看，不得了，四十多萬！要是全部洗到應該賺不少，能撈就撈，能賺就賺，什麼三天火化，不給他弄個半個月以上怎麼划算。

於是，他推薦給輝爸最好的商品——

「阿輝沒讀過書……」

「那買個書包跟燒點書給他好了。」

「阿輝沒開過車……」

「那買個車給他好了，順便燒個司機。」

「阿輝身體不好……」

「那給他做個功德好了，請兩位師父。」

買賣就是這樣，我定價給你，你買得開心，覺得買得有用，別人也不能說什麼。但是有一點，這個老闆想洗卻洗不到，就是塔位。

老闆問輝爸：「為什麼不給阿輝買塔位呢？」

輝爸說：「阿輝一輩子都在房子裡，都躺在床上，我想把他撒在草地上或海上，讓他看看外面的世界。」

老闆也就不勉強了，於是想盡別的辦法賺那四十萬。

輝爸每天中午都開那台回收車載著輝媽，帶一些零食、糖果來看阿輝。

他們有沒有想過其實阿輝三十歲了呢？

沒有，我覺得他們總是認為他們家阿輝只是個孩子，還是那個從出生到三十多歲都要他們照顧的孩子。

來到冰庫，輝爸總是牽著不知道發生什麼事情的輝媽，在阿輝面前跟他說今天又帶給他什麼東西。

輝爸拿了兩個硬幣擲筊，問阿輝有沒有收到；沒有筊的時候，再問是不是缺了什麼東西，直到有筊為止。而問到缺了什麼，就向葬儀社追加什麼。

某天，有一個遠方親戚跟著來，對輝爸說：「你這樣會被騙很多錢欸。」

輝爸臉色一變，「呸呸呸！什麼騙錢，我家阿輝以前躺在床上的時候，我想買個玩具讓他感到開心都沒辦法，現在好不容易他跟我說他想要什麼，你憑什麼說我被騙！你怎麼能說他在底下沒收到這些東西！」

原本我也覺得輝爸很傻，但是在旁邊聽到這些話，也就算了。

在出殯前，老闆爭氣地把那些錢賺得七七八八了。

輝爸也很開心，他給了唯一的兒子一些在世的時候不能給的，給他唯一兒子一些在世的時候不能用的，希望他在地下可以享用得到。

出殯前一天，這是他們最後一次看阿輝。

阿輝已經放在退冰區，等待隔日要化妝了，輝爸、輝媽來看他的時候，老闆笑咪咪地介紹隔天大概的行程，並問妝要如何化，他們比較滿意。

突然間，從阿輝的屍袋旁跳出一隻青蛙，很小，卻跳得很高。輝媽蹲下來看著那隻青蛙，喊著：「阿輝！阿輝！」

輝爸仔細看，青蛙的眼睛大大的，四肢小小的，其中一隻腳還萎縮了，有點虛弱，正巧與阿輝神似。

這時候老闆靈機一動，說：「三腳蟾蜍帶財，肯定是你兒子化身的，感念你們的養育之恩，要咬錢孝敬你們。」

輝爸聽了，有點安慰地忍著眼淚說：「不用這樣，不用這樣，是爸爸沒有生好你……」

老闆又順勢補一句，「可是，我看啦，他說不定還想留在你們身邊，塔位的事情，你們再考慮一下好了，至少還有個地方可以去看他。還有就是你兒子生前的體質比較虛，最好還是放在大間的廟，風水比較好，神仙比較多，那個××企業的爸爸就是放那邊的，這種公塔比較沒用。」

輝爸開始猶豫了：究竟是要給他樹葬？還是要買塔位？輝媽卻是抓住那隻青蛙說要回家養。

輝爸嘆一聲，說：「我再想想。」

隔天出殯前，輝爸激動地對老闆說：「昨天我夢到我兒子來找我，他說他來看我，好想我，希望我們可以一直在一起。這是我第一次看到我兒子笑，我從來沒有看我兒子笑過。之前不管花了多少錢，只是看到躺在床上的兒子越來越痛苦，我甚至不知道該不該讓他繼續活著。現在能在夢裡看到兒子的笑容，我已經滿足了，我決定買塔位，多少錢都沒關係，我找親戚一個一個借！我想把他留在這個世界！」

老闆一喜，卻又眉頭一皺，似乎覺得不太妥，就對輝爸說：「你確定？這個是你情我願，是怕你這樣買了負擔太大，你自己要考慮一下喔。」

輝爸牙一咬，說：「沒關係，你儘管去幫我看塔位，錢不是問題，讓我兒子好就好。」

老闆似乎想說什麼，卻又嘆了一聲，於是輝爸借了錢，看了一個不錯的塔位。

這場喪事過後的某天，我在上班途中遇到輝爸和輝媽。

這天太陽很大，輝爸開著車，後面都是回收物，輝媽坐在車後面，把玩著手中的瓶子，瓶子裡面有一隻青蛙。

我想著那天老闆開心地說他賺了多少錢，心想：欠那麼多錢買了一個塔位、辦了一場喪事，真的值得嗎？

假如阿輝真的孝順的話，這樣真的是幫助他爸媽嗎？

老闆真的有錯嗎？他賣了他想賣的，輝爸買了他想買的，如此而已。

而身為旁觀著的我有資格像那個遠房親戚一樣，說聲「你那麼笨，被騙錢都不知道」嗎？

到公司後，大胖在抓青蛙，我問他：「抓來幹麼？」他笑笑說他的鄰居有養紅龍，不知道吃不吃青蛙。

接著大胖回問：「冰庫一到夏天就一堆青蛙，你來那麼久，不知道嗎？」

想著輝爸那張開心的臉，我沒回答大胖的話。

有時候，喪事不是喪事，只是想花錢買個不要遺憾，跟買張贖罪券沒有兩樣，只要覺得值得就好。

畢業季

冰庫外面，一趟來，一趟走。

冰庫外面，一個來，一個走。

這行的人來來往往，或是因為不爽薪資而跳槽，或是覺得老闆好做自己來開，或是欠一屁股債跑路，或是原本浪子回頭，卻又覺得當初快錢比較好賺再回歸老本行，或只是來體驗人生、積陰德，或是感情因素被同事接了進來……

總之，做到最後的人真的是不多。

這天，在冰庫外看到一個老司機，一臉疲憊，感覺精神很萎靡，於是我問他：「怎麼了，累成這樣？」

老司機開了一瓶蠻牛，說：「這幾天大日子，一早起來站禮生，然後下午洗遺體，晚上值班要去接體，家屬電話一來，老闆一叫，又要出發了，每天都睡不到四小時。說好月休四天，看來這個月也休不到了。人這樣拚的話，不知道我身體還能撐多久。唉！真的好累。」

我聽了之後，還滿感慨地說：「唉！你們這種有做有錢、沒做沒錢，還能怎麼樣呢？一個月一萬多領過，一個月十多萬也領過，上班不就是這樣，你要老闆錢，老闆要你命，錢給你，命給他，好好存錢，早點退休比較實際啦！」

老司機抽口菸，神神祕祕地告訴我，「其實……我做到這個月，下個月我就離職了。」

聽到這消息，其實沒太有感覺，畢竟來來往往，這些都是遲早的。於是我先跟他道了聲恭喜，不過也滿好奇的，便問：「你一開始有想說做很久嗎？」

老司機抽口菸，露出手背上的鬼頭，說：

「當年我年輕不懂事，加入公司，跟了老大，有一次出去當打手，被抓了，重傷害，要在裡面蹲一陣子。以為蹲完出來是一條好漢，可惜跟到一個沒義氣的老大，說好出了事情，公司會幫忙，誰知道後來連律師費都我出，安家費拿那一點根本不夠，出來欠了一屁股。但是老子有骨氣，我不相信我不賣粉、不圍事，賺不到錢。外面一般頭路不給我這更生人機會，我來賺死人錢總可以吧！於是我來做這行。我有債要背、有老婆要養，拚命工作幾年，債都還完了，現在該輕鬆一下了。」

我繼續問下去，「那只是因為還完債就不想做了嗎？」

老司機眼神看著前方，淡淡地說：

「第一次我不想做的時候，是有一回去接運一個邋鞦韆，那時候那間房子還沒蓋好，建商的兒子不知道怎麼了，跑到十九樓上吊，被警衛發現了。建商不想讓人知道有人上吊，要求我們老闆說不能搭電梯，也不走裡面的樓梯，於是我們從逃生梯下樓。老闆對於我們出門接體只有一個原則：使命必達。由於那個逃生梯很小，我就跟另外一位老司機把往生者綁在身上，一層樓換一個人背，就這樣從十九樓背了下去。

「又有一次是颱風天，颳風下雨，雨水沖刷了土石，在土石之間有具屍體被沖下來。我們不像消防員有專業的裝備或訓練，只是憑著一股力氣去做，還是咬著牙上去把他搬了下來。

「俗話說的好：別人孩子死不完。不過，我家就我一個孩子，我死了就死完了。唉！還是不要待在這裡好了。」

我聽了沒說什麼。殯葬人力自古似乎都是這樣，被拗到深處無怨尤，於是也只能問：「之後你想做什麼？」

老司機想了想，說：「我想開店當老闆，找一些以前這行的同事回來。」

我心裡很是贊成，一群經驗豐富的老司機一定可以有很好的前程，不用受老闆氣了。不過做這行，大家都有看風水、算名字，每一筆、每一劃，據他們說都有玄機，於是便問：「名字有找人看了嗎？」

老司機很高興地說：「我們看好了，叫做『天天來』，記得到時候來捧場喔！」

我一聽不太對，「取的是滿有創意的啦……大膽、直接，把賺錢的企圖心和野心都放在招牌上面了。不過是不是太前衛了？我怕家屬沒辦法接受吧。要不要再想想？」

老司機一愣，「幹！我開燒烤店還要看家屬？這名字還不錯呀！」

「啊，原來你們這群專業的不是要一起開新公司喔？」

老司機一笑說：「我們不打算做這行的啦，我們一起存好錢要開燒烤店，別看我這樣，切東西也是我的專業。」

其實呢，這點我倒是從來沒有懷疑呀。

●

畢業季到了，看著電視上秀出來大學畢業生在殯葬業的起薪很高，再看看這群要離開的老司機，我心裡感慨萬分。

「希望這次的抓交替，可以久一點呀……」

罷工

談罷工前，想先來說一個故事。

某天，葬儀社接到一個委託，對方說他的親戚上吊，請他們去處理，於是老闆就帶著傢伙過去了。

說實在的，邋鞦韆雖然可怕，但是這個社會一個禮拜讓我們看好幾次，早沒有殺傷力了。為什麼我會特別提這個故事呢？

往生者是個中年婦女，吊在社區大樓的其中一戶裡，現場有員警和等著葬儀社老闆放往生者下來的鑑識人員，還有一旁被警察叫過來處理的遠房親戚，以及屋主。

親戚告訴老闆，「裡面好誇張的！」

老闆拍拍胸脯說：「這行我做那麼久了，再誇張的我都見過。」

但是一打開門，連老闆都被嚇到了。首先感受到的是氣味，記得送到我們館裡的時候，那個味道還是很驚人，可見現場一定更可怕。

往生者大概走了一週，腐爛的屍體上面有大大的水泡，身子已經都變成綠巨人了，吊在上面的繩子看似緊得要把脖子扭斷，而脖子上的肉緊緊嵌在繩子裡面。地上都是屍水，還在不停地往下滴，身體不停地在擺動。

只見牆壁上都是用噴漆噴的字：

無良×××不給我活路，你不得好死！

平時兢兢業業工作，叫我走就走！

她身上還綁著白布，上面寫著：**誰放我下來，我就去找誰算帳！**

老闆一看也傻在那邊。

突然間，「碰」的一聲巨響，有人昏倒了，大家都回頭看，只有老闆頭也不回地在繼續研究要怎麼放下來，因為以他多年的經驗，後面倒的不是房東，就是不知道怎麼擦屁股的遠房親戚。

他想到找消防隊，但是現場警察立刻潑他冷水說：「消防隊說這個你們會處理。」老闆聽了苦笑著搖搖頭，這個誰願意放呀！

想著想著，他想到我們館裡的小強，於是撥通電話，問：「小強，你有工作嗎？來這邊一趟，好賺的給你。」

小強哥是我們的一個人力。他的智能有些障礙，在我們館裡做雜工，平常抬抬棺、接接體、搭會場，但是需要面對家屬的事情都不叫他，畢竟這行很講究門面的。

小強哥一聽到有好賺的就到了現場，一看也傻掉了。

老闆笑咪咪地看著他說：「小強，發達了，你平常接一趟體，大家算八百給你，今天我給一千二，怎麼樣呢？」

小強哥也不是笨蛋，說：「老闆，一千二放這種的，傻瓜才要，除非……」

老闆聽了，笑咪咪地塞兩包檳榔給他，他滿足地看兩包檳榔一眼，就去把那個往生者解下來了。

外面的警察看到了很欽佩，問小強哥：「哇噻！寫成這樣你都敢放，你不怕……」

老闆立刻拉走警察，叫小強哥先把遺體搬到車上。

有人問老闆：「為什麼要找小強哥？」

老闆說：「因為小強……他不識字呀！」

後來大家常常關心老闆和小強哥到底有沒有「被跟」，老闆卻不以為意地說：「有種來跟我，我還要向他討債呢。那個遠方親戚沒錢，這個往生者身上加整間屋子的現金不到五百，親戚很大方地說這屋子裡面的東西都可以拿，媽的，最值錢的就是那兩桶瓦斯，還要我搬去退！不要說跟我了，我還要請師父找他算帳咧！」

小強哥則是像沒事一樣整天傻傻地工作，做一天是一天，但是其實，我們也好一陣子沒看到他了……

●

我看我們這邊的人力，有工作的時候做得要死，沒工作的時候整天晃蕩，薪水有時候高、有時候低。

有一次，我問一個人力：「你們不會想抗議嗎？」

人力問：「怎麼抗議？」

我說：「凶一點呀！抬棺材、撒冥紙之類的。」

人力嘀咕說：「這跟我的工作沒什麼兩樣呀，我就是抬棺材、撒冥紙的。」而且棺材和冥紙還要向老闆買呢！

我無言以對，人力接著說：

「其實我們抗議過欸，曾經有人力的老闆去向工會抗議，說我們要站禮生，又要抬棺木，公司每次還要抽兩成，我們實拿的太少了，於是，工會幫我們和葬儀社協調，最後葬儀社同意一個人力上漲五成，反正也是家屬吸收，於是就漲價了。」

我聽了滿開心的，原來這邊的勞工也是有被關心的。但為什麼人力又喊窮呢？

這位大哥嘆了一聲，說：「之後葬儀社給的費用，人力公司變成抽四成。」

「有想過不爽就不要做嗎？」我又問。

他只回，「我不做，一堆人搶著做。你以為大家都不用生活嗎？」

那年應徵照服員的時候，護理長問我：「你是沒後路才來做這行的嗎？」

那時候我沒考慮很多，只是想著我要幫家裡照顧爸爸，才來做的。

後來仔細想想那些阿姨同事們，實在有點感慨，真的，滿多人都是沒路才來做的。

年輕時候做沒勞保的，或是揮霍自己的青春，或是突然被裁員，或是外面一般的工作行情沒這邊好……
所以問我是不是沒路，我沒回答，但如果問那些阿姨是不是沒路，我認為很多都是。現在到了殯儀館，領公家的固定薪水，也不用為業績煩惱（更正確的說法是來得越少越好）。而外面的業者幾乎都是有多少工作就領多少錢，巴不得天天有「事情」做，說多麼悲天憫人、多麼為民服務積陰德嗎？但一看到因為案件少而領的那些微薄薪水，就恨不得每天都有案件好接。
也有很多社會新鮮人說要來做做看，回饋社會，結果做不到幾個月就被薪水和工作時數嚇跑了，而最賺的都是老闆。
這樣合理嗎？
覺得不合理的自己出來開公司，當一個新的老闆繼續壓榨員工，或是直接離開這行。覺得合理的也不會計較太多，繼續過著快樂地被壓榨的生活，反正餓不死，每天有檳榔吃、有阿比喝。
我也是沒差。

看著電視上那些罷工的人們，不管是領的薪水比我們一般人高出多少，也不管他們的訴求合不合理，至少，他們都做了我在職涯不敢做的一件事情，就是「跟老闆說」。

●

當年我在萊爾富上班的時候，法定工資九十元，我從六十做起，老闆說實習就是這樣，前三天還不算錢。那是我的第一份工作，總覺得沒關係，有錢賺就好，而且老闆人很好，每天晚上還把過期品送給我吃。

就這樣，我接受了那個薪水。

記得第一次領薪水那天，報廢的商品中沒有我愛喝的牛奶，我花了錢去買一瓶沒過期的。那時候我驚呆了！原來沒過期的那麼好喝！

後來這家商店就沒有進來別的新人了，據說都是聽到店長這樣講就不做了。我心裡想說他們好傻，這社會不餓死就好了，老闆肯給我工作就好，我還要爭取什麼？

後來當了運鈔員，又更扯了一點，一台車出去少則百萬、多則千萬，而我身上只有一把甩棍，我同事身上只有電擊棒，就這樣拿著那麼多錢跑透透。我們只能祈禱：希望不要被搶，希望不要掉錢，希望那台破車不要出車禍。

有一次，我和比我資深的同事去載一堆硬幣，到了現場一看就知道會超載，我問主管，他告訴我們，「盡力開回來。」

結果我們在高速公路上，煞車壞了，那時候學長很緊張，他是拉著手煞車再放一點點，再拉一次又繼續放一點點……這樣慢慢讓車停下來。

而我在旁邊說風涼話：

「學長，要是你這樣掛掉，嫂子會改嫁嗎？」

「學長，你還有什麼事情沒完成嗎？」

「學長，要是你下去，閻王知道你為了一點點薪水拚成這樣，祂會怎麼想呀？」

這個事件結束後，學長離職了，過不久，我也離職了。我們都沒向公司上面反映，因為我們覺得不爽不要做就好，剩下的問題是別人的問題。

在醫院的時候，更不用說，每天都活得很有壓力。上班工時加通勤超過十四個小時，照護過程若有個閃失或是病人自己躁動瘀青，都會怪在你頭上，一人要顧超過十人，有狀況都會被嚇到一身汗。服務鈴得隨傳隨到，有些人半夜按鈴，不是忘了吃飯，就是問現在幾點了。

這真的是要用做功德的心態去做，不然一定做不下去。

但我跟阿姨們也是傻傻地做。我們需要錢，我們需要生活，我們不敢跟老闆說要加薪，我們只希望有薪水而已。

看到電視上那些人努力爭取所謂的權利、所謂的福利，這些完全超乎我這幾年來的工作思維。

原來除了那些老闆開的薪水，我有權利去爭取更好的。原來工作環境不好，我有權利跟老闆說。原來只要你的工作是難以取代的，你說話就可以大聲。

原來世上有「罷工」這種東西，不是出現在書上，不是出現在夢裡，而是出現在我的眼前。

安妮與我

最近我們在學習如何使用ＡＥＤ（自動體外心臟電擊去顫器），因為公司有，我們就要學會用。

來了一個消防隊的教官教我們，由於我們沒有足夠的場地，所以趁著一大早去火葬場的空地上課。

教官一到場，在地上放了四個練習ＣＰＲ（心肺復甦術）用的假人「安妮」，拿起ＡＥＤ開始講解。

感覺滿詭異的，裡面在喊著：「阿爸，火來了，快跑！」外面在叫著：「安妮、安妮，你怎麼了？」

教官告訴我們，CPR是給無意識、無呼吸的人使用的，我們望向一具具往火葬場推的棺木，他立刻補一句，「死太久的不行。」

這種事要早點說。

教官開始教我們怎麼救安妮時，火葬場的老林歪頭看著她，我想，他可能在思考要怎麼燒這個安妮；冰庫的夜班弟弟也歪頭看著她，我想，他可能在盤算要怎麼冰這個安妮。

等到開始做CPR的時候，我和老宅一組，見他的嘴唇動了一下，似乎是要說：「小胖，等等我頭你腳，迅速放進屍袋，打卡下班。」

正當我也習慣性地要戴上口罩和手套時，才突然意識到我們現在在學急救！

老實說，還真不習慣。

實際操作完之後，教官與我們分享他多年來急救的心得。他說，透過急救，他救了大概兩百多人，其中有二十八個人後來過著正常生活，其他的有些成了植物人，有些人雖然恢復了也沒辦法正常生活。

最後他說：「但是，至少救了二十八個人的命。」

聽到這邊，我出神了。

各位可能知道，我父親就是中風了變成植物人，後來在床上痛苦好幾年才離開的。在那段時間，我常常問自己：假如當時我不救，或者再慢一點，會不會對他、或是對我比較好？

幾年來看著只能在床上咳嗽的他，看著因為擔心爸爸而幾乎沒有社交的媽媽，再看看在醫院工作、下班後要照顧他的我……是不是如果當初放棄，我們都會好很多？

某天，我和我媽還有小妹去祭拜爸爸。在路上，小妹問我要不要買長照險，我皺了一下眉頭，對她說：「我在醫院看到的長照，是花了無數金錢在延長自己的痛苦。」

小妹問：「假如我不結婚，又像老爸一樣失能了，那該怎麼辦？」

我想了想，開玩笑地說：「我會掐死你。」

我小妹一聽也笑著說：「謝謝。」

在我們對話的過程中，我媽在一旁全程聽完，一句話都沒說。

這短短幾句話，一定是有長照經驗的家庭才有辦法這樣說的。

但是事實還是很悲哀，有時候看著電視上那些殺掉長期臥床的父母再自殺的人，很想告訴他們：你們辛苦了，盡力了。

●

正當我沉浸在自己的小世界時，教官問：「假如今天是陌生人，你們學了急救，要不要救他們？」

零星的兩、三個人舉手，我沒有舉。

教官又問：「看看你們左右兩邊的同事，假如今天他們倒下了，你們學了急救，要不要救他們？」

大概有七成舉手。我看著左邊的損友老林，動不動就找我去幫助失學少女，害我到三十歲還兩袖清風；再看看右邊那個夜班弟弟，他前幾天喝了我一手麥香。我也沒有舉起手。

最後教官問：「假如你學了急救，旁邊是你最親愛的家人，你會不會救他？」

我想應該只剩我沒舉手。我想了想，經過了那幾年，對於這個問題，我已經沒有力氣，也沒有勇氣舉起手。

但是再想想老媽、想想外婆，這手……

還是該舉。

願我一生是肥宅，
不帶遺憾進棺材。
——我是大師兄，我們下次見。
WANTED
DEAD OR ALIVE
CHOPPER

國家圖書館預行編目資料

比句點更悲傷／大師兄著. --初版. --臺北市
: 寶瓶文化, 2019.9, 面； 公分. --(Vision；
185)
ISBN 978-986-406-168-6(平裝)
1.殯葬業 2.文集

489.6607 108014969

Vision 185

比句點更悲傷

作者／大師兄

發行人／張寶琴
社長兼總編輯／朱亞君
副總編輯／張純玲
主編／丁慧瑋 編輯／林婕伃・李祉萱
美術主編／林慧雯
校對／丁慧瑋・林俶萍・劉素芬・大師兄
營銷部主任／林歆婕 業務專員／林裕翔 企劃專員／顏靖玟
財務／莊玉萍
出版者／寶瓶文化事業股份有限公司
地址／台北市110信義區基隆路一段180號8樓
電話／(02)27494988 傳真／(02)27495072
郵政劃撥／19446403 寶瓶文化事業股份有限公司
印刷廠／世和印製企業有限公司
總經銷／大和書報圖書股份有限公司 電話／(02)89902588
地址／新北市新莊區五工五路2號 傳真／(02)22997900
E-mail／aquarius@udngroup.com

法律顧問／理律法律事務所陳長文律師、蔣大中律師
如有破損或裝訂錯誤，請寄回本公司更換
著作完成日期／二〇一九年八月
初版一刷日期／二〇一九年九月二十五日
初版五十刷日期／二〇二四年八月八日

ISBN／978-986-406-168-6
定價／三二〇元

愛書人卡

感謝您熱心的為我們填寫，
對您的意見，我們會認真的加以參考，
希望寶瓶文化推出的每一本書，都能得到您的肯定與永遠的支持。

系列：Vision 185　**書名：比句點更悲傷**

1.姓名：＿＿＿＿＿＿＿＿　性別：□男　□女

2.生日：＿＿＿年＿＿＿月＿＿＿日

3.教育程度：□大學以上　□大學　□專科　□高中、高職　□高中職以下

4.職業：＿＿＿＿＿＿＿＿

5.聯絡地址：＿＿＿＿＿＿＿＿＿＿＿＿＿＿＿＿＿＿＿＿

聯絡電話：＿＿＿＿＿＿＿＿　手機：＿＿＿＿＿＿＿＿

6.E-mail信箱：＿＿＿＿＿＿＿＿＿＿＿＿＿＿

□同意　□不同意　免費獲得寶瓶文化叢書訊息

7.購買日期：＿＿年＿＿月＿＿日

8.您得知本書的管道：□報紙／雜誌　□電視／電台　□親友介紹　□逛書店　□網路

□傳單／海報　□廣告　□其他

9.您在哪裡買到本書：□書店，店名＿＿＿＿＿＿　□劃撥　□現場活動　□贈書

□網路購書，網站名稱：＿＿＿＿＿＿＿　□其他＿＿＿＿＿＿

10.對本書的建議：（請填代號　1.滿意　2.尚可　3.再改進，請提供意見）

內容：＿＿＿＿＿＿＿＿＿＿＿＿

封面：＿＿＿＿＿＿＿＿＿＿＿＿

編排：＿＿＿＿＿＿＿＿＿＿＿＿

其他：＿＿＿＿＿＿＿＿＿＿＿＿

綜合意見：＿＿＿＿＿＿＿＿＿＿＿＿＿＿＿＿＿＿＿＿＿＿＿＿

11.希望我們未來出版哪一類的書籍：＿＿＿＿＿＿＿＿＿＿＿＿＿＿

讓文字與書寫的聲音大鳴大放

寶瓶文化事業股份有限公司

（請沿此虛線剪下）

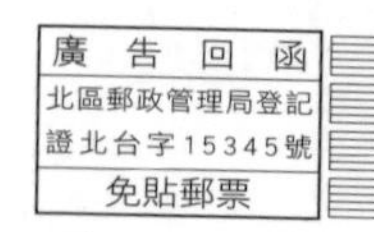

寶瓶文化事業股份有限公司　收

110台北市信義區基隆路一段180號8樓

8F,180 KEELUNG RD.,SEC.1,

TAIPEI.(110)TAIWAN R.O.C.

（請沿虛線對折後寄回，或傳真至02-27495072。謝謝）